잠이 부족한
당신에게

뇌과학을
처방합니다

잠이 부족한 당신에게
뇌과학을 처방합니다

1판 1쇄 찍음 2022년 1월 27일
1판 1쇄 펴냄 2022년 2월 15일

지은이 박 솔

주간 김현숙 | **편집** 김주희, 이나연
디자인 이현정, 전미혜
영업·제작 백국현 | **관리** 오유나

펴낸곳 궁리출판 | **펴낸이** 이갑수

등록 1999년 3월 29일 제300-2004-162호
주소 10881 경기도 파주시 회동길 325-12
전화 031-955-9818 | **팩스** 031-955-9848
홈페이지 www.kungree.com
전자우편 kungree@kungree.com
페이스북 /kungreepress | **트위터** @kungreepress
인스타그램 /kungree_press

ⓒ 박 솔, 2022.

ISBN 978-89-5820-759-7　　03400

잠이 부족한
당신에게

뇌과학을
처방합니다

수면에서 숙면으로 건너가는 시간

박 솔 지음

궁리
KungRee

들어가며

충만한 잠의 세계로

"하루 중 가장 긴 시간 동안 하는 일이 무엇인가요?"

누가 이렇게 묻는다면 뭐라고 답하실 건가요? 시험을 준비하는 학생이라면 공부를, 또 많은 직장인은 일터에서 일을 한다고 말할 겁니다. 누군가는 취미 활동을 위해 시간을 쓴다고 하겠지요. 하지만 이 대답들은 사실 모두 거짓말! 거짓말인 걸 저는 압니다.

'깨어 있는 중'이 아닌 '하루 중' 가장 긴 시간 동안 하는 일은 당연히 '잠자기'여야 합니다. 건강한 사람이라면 하루 평균 6시간에서 8시간 잠을 잡니다. 이 긴 시간을 연속적으로 보내는 게 잠자는 것 말고 또 있을까요? 8시간 가까이 한 가지 일에 집중하는 사람이 있다고 해도, 자세히 들여다보면 중간에 5분에서 10분 정도는 쉬는 시간을 가질 겁니다. '법정 휴게 시간'이라는 것도 있지요. 가끔 가다 하루 정도 정말 쉬지 않고 8시간 이상 열정적으로 일할 수도 있겠지만, 그러한 일을 수십 년 동안 매일 반복하는 것은 절대, 불가능한 일입니다. 오로지 '잠자기'만 그렇게 하는 것이 가능합니다.

이렇듯 인생에서 가장 긴 시간을 차지하는 잠에 대해 여러분은 얼마나 깊은 관심을 가지고 계신가요? 오히려 잠자는 걸 시간이나 낭비하는 게으르고 나태한 행위로 치부하진 않았나요? 아침에 눈을 뜨면 잘 잤냐고 물어보고, 하루를 마무리할 때면 잘 자라고 인사하는데, 이게 다 빈말이었나 하는 생각이 들면서 조금 서운해지기까지 합니다.

잠자는 건 인생의 3분의 1 이상을 차지한다는 이유 외에도 여러 가지 까닭에서 인생의 그 어떤 일보다 잘 해내야 하는, 무엇보다 가장 정성 들여 해내야 하는 일입니다. 그러나 동시에 노력한다고 더 잘할 수 없는 일이기도 하지요. 사실상 자는 동안 어떤 일이 일어나는지 우리는 알 수 없으니까요. 이렇게나 과학이 발달했고 이렇게나 스스로에 대해 많은 걸 알게 되었는데, 잠에 대해서는 여전히 아는 게 너무 없는 것은 아닐까요?

처음에 이 글은 주위에 잠을 주제로 뇌 연구를 하는 분이 있어서 관심을 가지고 쓰기 시작했습니다. 그런데 제 글을 읽고 반가워하는 친구들이 생각보다 많아 굉장히 놀랐습니다. 가끔씩 가벼운 수면 장애를 겪는 친구부터 기면증을 진단받은 친구, 수면 클리닉에서 상담과 처방을 받고 있는 친구, 자각몽을 꾸는 친구도 있었습니다. 매일같이 만나서 밥 먹고 이야기하고 공부하던 친구들인데 전혀 몰랐던 거지요. 이 친구들의 사례를 들으면서, 잠의 과학에 대한 더 다양한 이야기를 더 많은 사람들에게 들려주고 싶었습니다. 그리고 무엇보다 잠을 자는 동안 일어나는 일들이 얼마나 재미있는지를 함께 나누고 싶었습니다. 잘 자려면 어떻게 해야 하는지, 잠을 자는 동안 나에게는 어떤 일이 일어나고 있는지,

잠자는 게 왜 이토록 중요한지, 사람뿐 아니라 동물이나 식물도 잠을 자는지 등 수면에 대해 다양하고 재미있는 이야기를 담고자 했습니다.

여러분 모두 이 책을 통해 달고 충만한 잠의 세계로 한 걸음 더 들어갈 수 있기를 바랍니다. 이 책과 함께 잠자리에 드셔도, 잠을 자기 위한 도구, 그러니까 베개 정도로 이용하셔도 전 즐거울 겁니다. 여기에 제가 미처 싣지 못한 이야기나 저도 알지 못했던 이야기가 있다면 꼭 들려주세요.

그럼 오늘도 좋은 밤 되세요.

2022년 1월, 박솔

차례

14

식물의 잠

매일 밤, 나는 잠이 들며 죽음을 맞이한다.

다음 날 아침, 나는 잠에서 깨어나며

새로운 나로 다시 태어난다.

– 마하트마 간디

Each night when I go to sleep, I die.

And the next morning,

when I wake up,

I am reborn.

- Mahatma Gandhi

1

잠의 단계

B | 너 안 자지!!

A | 아, 깜짝이야! 한참 잘 자고 있었는데.

B | 에이, 자고 있었다고? 눈 왔다 갔다 움직이는 거 내가 다 봤는데?

A | 눈? 이렇게?

A는 매우 빠른 속도로 눈을 떴다 감았다 해 보인다.

B | 하하, 아니, 이렇게. 안 자고 있었던 거 다 알아.

B는 눈을 감은 채 눈동자를 좌우로 굴려 보인다.

A | 너 며칠 전에 꿈에서 나랑 같이 무지개 봤다고 했지. 그때 꿈에서
우리 눈 뜨고 있었어, 안 뜨고 있었어? 기억나?

B │ ······.

A │ 무지개를 봤으니까 당연히 눈 뜨고 있지 않았겠어? 만약에 눈을 감고 있었으면 무지개를 볼 수 있었을까?

B │ 음. 맞네. 일리가 있어. 눈 뜨고 있었을 것 같다. 근데 이 얘기는 갑자기 왜 하는 거야?

A │ 꿈에서 그렇게 눈을 뜨고 있는 순간에, 자는 사람 눈이 움직이거든.

잠든 사람이 꿈속에서 눈을 뜨고 있느라고 눈동자를 이쪽저쪽 움직인다는 말이 그럴 듯하다. 과연 사실일까? 혹시 잠이 얕게 들었다가 순간적으로 깨어나면서 눈동자가 움직였던 건 아닐까?

잠든 상태와 잠들지 않은 상태를 구분하는 기준은 무엇일까? 눈을 감고 있는 것? 그러나 단순히 눈을 감고 있다고 해서 잠이 들었다고 하기는 어렵다. 어두운 밤, 이불 위에 누워 눈을 감는 모습을 상상해보자. 이렇게 한다고 해도 바로 잠이 들지는 않는다. 즉 눈을 감고 있다고 해서 잠이 든 것은 아니다. 잠이 들지 않았는데 눈을 감고 움직임을 최소화하면 '자는 척'도 할 수 있다.

오히려 너무 움직이지 않는 것은 잠든 상태로 보이지 않는다. 잠에 빠져들고 나면 몸을 마음대로 움직이는 것은 불가능하다. 하지만 의지를 가지고 움직이는 것이 안 된다는 것이지 몸이 아예 움직이지 않는다는 말은 아니다. 실제로 움직임 없이 나무토막처럼 가만히 자는 사람보다는 뒤척이면서 자는 사람이 훨씬 더 많다. 잠이 든다고 신체 움직임이 완전히 사라지는 게 아닌 것이다. 잠을 자는 동안 사지는 뒤척이고 눈동

잠이 부족한 당신에게 뇌과학을 처방합니다

자 또한 움직인다. 따라서 눈동자를 포함한 신체의 움직임 유무를 잠이
들었는지의 기준으로 삼기는 어렵다.

그렇다면 잠이 들었다는 것은 대체 무슨 의미일까? 잠이 들었는지 아
닌지를 알 수 있는 확실한 구분 방법이 있을까? 있다면 무엇일까?

잠들었을 때와 깨어 있을 때 확연한 차이를 보이는 신체 기관은 눈동
자도, 다른 어떤 기관도 아닌 뇌다. 뇌의 활동 상태를 확인해보면 어떤
사람이 잠들었는지, 깨어 있는지 분명히 알 수 있다. 뿐만 아니라 잠든
경우 얼마나 깊이 잠들었는지까지도 알 수 있다.

뇌의 활동을 보면 잠들었는지 알 수 있다

■

잠이 들었을 때와 깨어 있을 때 신체의 생리 활성 상태는 크게 달라
진다. 그리고 이러한 상태의 변화는 팔다리를 비롯한 여타 신체 기관보
다 뇌에서 훨씬 명확하게 관찰된다.

뇌의 활동은 뇌를 구성하는 신경세포들의 활동이라고 할 수 있다. 신
경세포들은 서로 화학적, 전기적 신호를 주고받으며 의사소통을 하는
데, 이 신호를 측정하면 뇌의 활동에 대한 정보를 얻을 수 있다.

뇌의 활동은 뇌에 직접 전극을 삽입해서 측정하거나, 자기공명영상
(MRI) 촬영 장치와 같은 장비를 이용하여 간접적으로 확인할 수 있다.
MRI의 경우 두개골로 감싸여 있는 뇌에 직접 접근하지 않은 상태에서
측정하기 때문에 비교적 쉽고 간단한 방법처럼 보인다. 하지만 측정 장

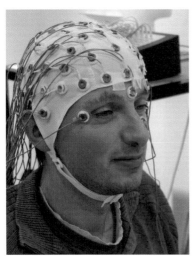
뇌전도 측정 장치를 착용한 사람

비가 매우 크다는 점, 연속적으로 찍은 여러 장의 사진을 비교하는 방식이라 측정하는 동안 몸, 특히 머리가 고정되어야 한다는 점을 생각해보면 결코 간단하지도 쉽지도 않다.

다행히 MRI보다 간단한 방법이 하나 더 있다. 뇌를 둘러싸고 있는 두피 표면에 전극을 부착하여 신경세포들이 발생시키는 전기적 신호를 측정하는 방법이다. 마치 지진이 일어날 때 지구의 깊은 곳에서 발생한 진동이 지구 표면까지 퍼지면, 그 신호를 우리가 발을 딛고 있는 땅 위에서 측정하는 것과 같은 원리다.

이 방법으로 뇌의 신호를 측정하면 지진계가 지진파를 기록하는 것처럼 삐죽삐죽한 선의 형태로 뇌 활동에 대한 기록을 얻게 된다. 이 선으로 이루어진 그래프를 '뇌전도(EEG, Electroencephalogram)'라고 부른다.

뇌전도가 나타내고 있는 뇌의 활동, 즉 뇌세포가 발생시킨 전기적 신호는 '뇌파'라고 한다. 두피에서 뇌파를 측정하는 뇌전도 기법은 1937년 알프레드 리 루미스(Alfred Lee Loomis)라는 미국인 과학자가 처음 개발했다.

신체의 활성을 보고도 잠들었는지 알 수 있다

■

잠이 들었을 때와 깨어 있을 때 모든 신체 기관 중 뇌에서 나타나는 변화가 가장 확실하다. 또 잠의 깊이에 따라서도 변화가 세밀하게 달라진다. 잠이 들었는지 여부와 잠의 단계를 구분하는 기준으로 뇌전도가 가장 많이 쓰이는 까닭이다. 하지만 뇌라는 기관은 단단한 두개골로 싸여 있기 때문에 눈으로 관찰하는 것은 절대 불가능하고 자기공명영상, 뇌전도와 같은 간접적인 방법으로 그 활성을 측정할 수밖에 없다. 하지만 그마저도 특수한 기기나 장치가 필요하니 번거롭다. 그래서 많은 연구자들이 신체를 훼손하지 않고 접근하고 관찰할 수 있는, 뇌가 아닌 다른 신체 기관의 활성을 측정하는 방법을 찾아내려고 애써왔다.

· 뇌전도, 안구 전위도, 근전도 ·

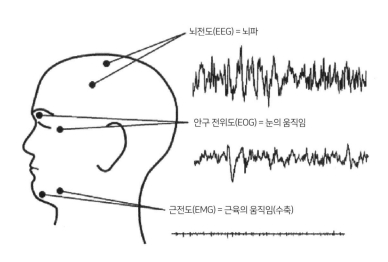

뇌전도(EEG) = 뇌파

안구 전위도(EOG) = 눈의 움직임

근전도(EMG) = 근육의 움직임(수축)

뇌세포가 발생시키는 전기신호 외에도 근육의 움직임에 의해 발생하는 전기신호를 측정하는 근전도(EMG, Electromyogram), 안구의 움직임을 나타내는 전기신호인 안구 전위도(EOG, Electrooculogram)를 잠든 상태와 깨어 있는 상태를 구분하는 데 이용할 수 있다.

그런데 뇌전도와 근전도, 안구 전위도 중 한 가지만 측정하는 것으로는 깨어 있는지 잠들었는지, 또 어느 정도로 잠들었는지 명확하게 알아내는 데 부족한 점이 있다. 이 세 가지 요소를 조합해야 잠을 자는 동안 일어나는 뇌와 신체 변화에 대한 정보를 거의 대부분 알아낼 수 있다.

각성 상태와 수면 상태에 따른 뇌파의 변화

■

깨어 있는 상태는 '각성 상태'라고도 한다. 이 상태에서 우리는 시각, 청각, 후각을 비롯한 감각을 통해 주변 환경에서 일어나는 변화를 실시간으로 느낄 수 있다. 뇌를 포함한 신체 기관은 수동적으로 변화를 받아들이는 것뿐 아니라 환경에서 오는 자극의 변화에 대해 끊임없이 반응한다. 이와 달리 수면 상태에 들어가면 외부에서 오는 자극을 받아들이는 것도, 그 자극에 대한 반응도 거의 없어진다. 매우 둔감한 상태가 된다고 말할 수 있겠다.

어린 시절, 누군가가 정말 자고 있는 것인지 눈을 감고 자는 척을 하는 것인지 확인하는 방법이라고 들은 것이 있다. 바로 잠든 눈앞에 눈을 찌를 듯이 가까이 손가락을 가져간다거나, 부딪힐 것처럼 주먹을 가져다대는 것이다. 잠든 사람은 외부 자극에 대해 둔감하기 때문에 이런 위협적인 자극을 가해도 아무 반응이 없다. 하지만 자는 척을 하는 경우, 즉 깨어 있는 경우 신체는 외부 자극에 여전히 민감하게 반응하는 상태이기 때문에 이런 위협적인 자극이 가해지면 저도 모르게 움찔하게 된다.

시각의 경우 잠을 자는 동안 눈을 감고 있으므로 느껴지지 않는 게 당연하다. 그런데 생각해보면 후각이나 청각을 비롯한 다른 감각 역시 느껴지지 않는 것 같다. 시각처럼 눈을 감아 물리적으로 차단할 수 있는 것도 아닌데 말이다. 이는 잠이 들면 외부 환경의 변화에 대해 의식적인 자각과 반응이 이뤄지지 않기 때문에 그렇다.

여기서 중요한 점은 감각이 둔해진다는 것이 뇌가 활동을 멈추었다는 뜻이 아니라는 것이다. 뇌의 활성이 변화하면서 의식적으로 외부의 자극을 감각하지 못하게 되었을 뿐, 잠을 자는 동안에도 뇌는 끊임없이 활동한다. 또 뇌의 활동 변화에 따라 신체도 무의식적인 움직임을 계속한다.

각성 상태일 때 발생하는 뇌파는 진폭이 작고 주파수가 높은 형태를 띤다. 이런 모양의 뇌파를 '베타파'라고 부른다. 활동 중인 뇌에서는 수많은 종류의 전기신호가 동시에 발생한다. 두피 표면에서 뇌파를 측정하면 특정 위치에서 발생하는 뇌파가 아닌, 뇌 전체에서 발생한 모든 신호들이 한꺼번에 감지된다. 뇌전도로 나타나는 뇌파는 수많은 신호가 합쳐져서 측정된 결과다. 뇌파의 대부분은 합쳐지는 과정에서 서로를 상쇄시키는데, 그렇게 상쇄되고 남은 것들이 바로 '베타파'다.

· 잠자는 사람에게서 측정한 베타파(위)와 알파파(아래) ·

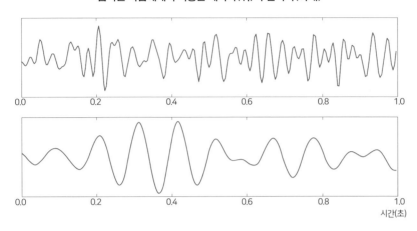

· 자정부터 다음 날 새벽까지 변화하는 잠의 단계를 보여주는 수면 곡선 ·

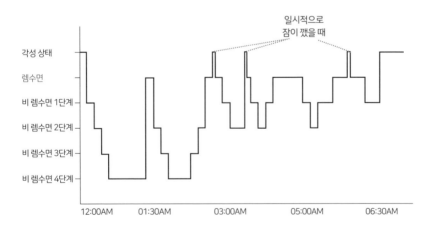

서파수면의 초기와 후기 단계를 각각 비 렘수면 3단계와 4단계로 구분하여 표시하고 있다.

깨어 있는 상태와 비교하여, 잠에 깊이 빠져들수록 뇌의 활동 정도는 서서히 줄어든다. 뇌파의 진폭은 점점 커지고 주파수는 낮아진다. 베타파보다 진폭이 크고 낮은 주파수를 가지는 형태의 뇌파를 '알파파'라고 한다. 수면 초기에 나타나는 알파파는 잠이 들기 직전뿐 아니라 명상할 때와 같이 긴장이 풀린 상태에서도 발생한다.

잠의 단계는 크게 렘수면(REM sleep, Rapid Eye Movement sleep)과 비 렘수면(NREM sleep, Non-Rapid Eye Movement sleep)으로 나눌 수 있다. 이는 1953년 수면의학자 윌리엄 디멘트(William C. Dement) 박사에 의해 처음 제시됐다.

렘수면과 비 렘수면 단계는 잠을 자는 동안 나타나는 안구 움직임의 특징적인 변화를 기준으로 구분된다. 비 렘수면 동안에는 안구의 움직임이 없는데 반해 렘수면 동안에는 안구가 좌우로 움직인다. 물론 두 가지 수면 단계에서 발생하는 뇌파의 특성에도 차이가 나타난다. 렘수면과 비 렘수면 단계는 구체적인 뇌파의 특성에 따라 다시 몇 개의 세부 단계로 나눌 수 있다.

평균적으로 렘수면은 전체 수면 시간의 25%, 비 렘수면은 75%를 차지한다고 알려져 있지만, 잠의 각 단계들이 반복되는 순서나 각 단계별 지속 시간은 사람과 상황에 따라 달라질 수 있다.

렘수면 단계

■

렘수면 단계에 나타나는 뇌파의 양상은 다른 수면 단계에서 나타나는 것보다 각성 상태일 때와 더 유사하다. 이때 나타나는 뇌파는 마치 각성 상태에서 관찰되는 베타파처럼 진폭이 작고 주파수가 높은 형태를 보인다.

렘수면 단계는 잠의 단계 중 잠의 깊이가 매우 얕아진 때로 실제로 가장 각성 상태에 가깝다고 볼 수 있다. 호흡률과 뇌의 활성이 증가하고 잠이 깨기도 쉽다. 이 단계의 가장 중요한 특징은, 이름(REM, 빠른 안구의 움직임)에서도 알 수 있듯 안구의 움직임이 있다는 것이다. 반면에 나머지 신체의 근육은 이완되면서 몸의 움직임이 일어나지 않는다. 어떻게 보면, 뇌는 가장 깨어 있는데 몸은 가장 잠들어 있는 것이다. 잠들어 있었다고 주장하던 A는 아마 렘수면 단계의 잠을 자고 있었을 가능성이 크다. 안구가 움직이는 렘수면 단계에 빠져 있었고, 이 단계의 잠은 굉장히 얕으므로 B가 소리로 자극을 가했을 때 여느 단계에서보다 빠르게 잠이 깰 수밖에 없었을 것이다.

꿈을 꾸는 단계가 바로 렘수면 단계다. 이 단계의 잠을 자는 동안 좌우로 움직이는 안구의 운동이 실제로 꿈을 꾸면서 느껴지는 시각적인 감각을 발생시킨다고 생각되기도 한다. 렘수면 단계에서 안구 운동을 할 때 꿈에서 시각적인 감각을 느끼고 있을 가능성이 높음을 보여준 연구도 여러 건 있다. 하지만 렘수면 단계에서 안구가 움직이면, 그 움직임이 꿈을 꾸고 있는 사람에게 시각적 감각을 발생시킨다는 식의 인과 관계는 아직 분명하게 밝혀지지 않았다. 아직 하나의 가능성일 뿐이다.

렘수면은 평균적으로 잠든 지 90분 정도 뒤에 처음 시작된다고 한다. 잠든 뒤 시간이 지날수록 그 지속 시간이 점점 길어지며, 평균적으로 최대 60분까지 지속될 수 있다고 알려져 있다.

비 렘수면 4단계

■

비 렘수면 단계에서는 잠을 자는 사람이 몸을 돌리거나 자세를 바꾸는 등 신체 움직임을 보인다. 목과 턱의 근육이 특히 잘 움직인다.

비 렘수면의 첫 번째 단계(NREM stage 1)에서 뇌파는 알파파보다 주파수는 더 낮고 진폭은 더 큰 형태로 변한다. 이런 형태의 뇌파를 '세타파'라고 부른다. 이 단계는 잠이 막 들었을 때로 잠의 깊이가 아직 얕다고 할 수 있다. 지속 시간은 보통 5~10분 정도라고 알려져 있다.

비 렘수면의 두 번째 단계(NREM stage 2)에 접어들면 빠르고 규칙적

· 세타파 ·

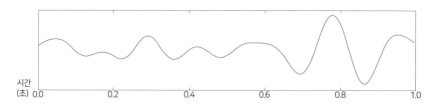

막 잠이 들었을 때 나타나는 세타파는 알파파보다 주파수는 낮고 진폭은 더 크다.

· 수면 방추와 K 복합체 ·

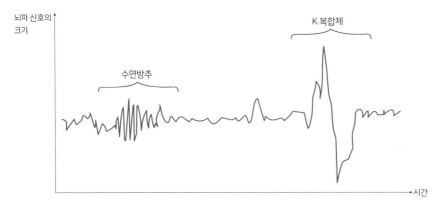

수면 방추는 다발성으로, K 복합체는 일회성으로 나타나는 뇌파다.

· 델타파 ·

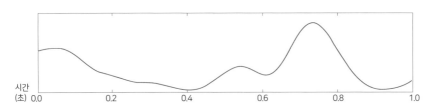

델타파는 서파수면 단계에서 나타나는 뇌파 중 가장 주파수가 낮고 진폭이 크다.

· 깨어 있을 때와 서파수면에 들었을 때 뇌파 차이 ·

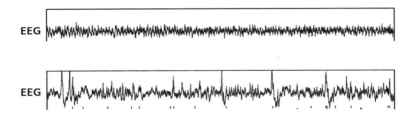

서파수면에 들어가자 뇌파의 진폭이 훨씬 커지고 주파수도 낮아졌다.

인 다발성의 뇌파가 나타난다. 이 같은 형태의 뇌파를 '수면 방추(Sleep Spindle)'라고 한다. 또 이 단계에서는 K 복합체(K-complex)라고 불리는 뇌파가 보이기도 한다. 수면 방추와 마찬가지로 K 복합체도 그것이 가진 고유의 형태(주파수, 진폭, 파형 등)로 구분한다. 다발성으로 나타나는 수면 방추와 달리 K 복합체는 일회성으로 갑작스럽게 나타나는 진폭이 큰 뇌파다.

비 렘수면 2단계는 보통 한 번에 20분 정도 지속되며 잠을 자는 시간 전체에서 차지하는 비중이 40~45%로 가장 높다. 이 단계 동안 체온과 심박수가 서서히 내려가면서 더 깊은 잠의 단계로 향해간다. 아직까지 잠의 깊이는 얕은 상태라고 할 수 있는데, 1단계와 2단계 비 렘수면 동안 잠이 깨면 자신이 잠들었다가 깼다는 사실을 인지하지 못할 가능성이 높다.

세 번째 서파수면 단계(NREM stage 3)에서는 잠의 단계 중에서 가장 주파수가 낮고 진폭이 큰 뇌파가 관찰된다. 이 형태의 뇌파를 '델타파'라고 한다. 델타파가 발생하는 시기인 서파수면 단계가 잠의 단계 중 가장 깊은 잠에 들었을 때다.

여기서 오해하기 쉬운 점을 하나 짚고 넘어가자. 각 수면 단계에서 특징적으로 관찰되는 뇌파의 형태가 존재하는 것일 뿐, 특정 단계에서 특정한 뇌파만 관찰되는 것은 아니다.

서파수면은 전체 시간 동안 발생하는 뇌파에서 델타파가 차지하는 비율이 50% 이하인 초기 단계와 50% 이상이 되는 후기 단계로 다시 나눌 수 있다. 아직 델타파의 비율이 충분히 높아지기 전인 초기 서파수면 단계를 얕은 잠과 깊은 잠의 경계라고 할 수 있다. 후기 서파수면 단계가 잠의 단계 중 실제로 가장 깊은 단계다. 후기 서파수면 단계의 잠에 빠진 사람은 소음을 비롯한 주변 환경에서 오는 자극을 전혀 감지하지 못한다. 이 단계에 접어든 사람을 깨우기도 가장 어렵다.

가위눌림은 어떻게 발생할까?

꿈을 꾸다가, 혹은 꿈을 꾸지 않더라도 자다가 가위에 눌리는 경우가 있다. 가위는 무서운 꿈을 가리키는 단어인데, 영어권에서는 가위눌림을 '수면 중 마비(Sleep Paralysis)'라고 표현한다.

가위에 왜 눌리는지 그 이유를 명확히 말하기는 아직 어렵다. 지금으로서는 다양한 원인이 복합적으로 작용해 일어나는 현상으로 여길 뿐이다. 아직 우리가 잠에 대해 완벽하게 이해하지 못했기 때문이다. 하지만 가위가 어떤 상황에서 눌리는지, 이 현상이 어떻게 나타나는지에 관한 설명은 많이 나와 있다.

앞에서 잠의 단계에 대한 설명을 읽으며 어느 정도 짐작할 수 있었겠지만, 가위눌림은 렘수면 단계에서 빈번하게 일어난다. 이 단계에서 두드러지는 신체 변화는 잠든 상태 중에서 뇌의 활성이 가장 높아지고 안구가 움직인다는 점도 있지만, 그 외의 신체 기관을 이루는 근육이 이완되고 움직임이 일어나지 않는다는 것도 중요한 특징이다. 이게 어떤 상태일까 상상해보면 쉽게 가위눌린 상태가 떠오를 것이다. 정신은 말똥말똥한데 아무리 애써도 팔, 다리를 포함한 몸뚱아리가 움직이지 않는 상태. 거기에 눈앞에는 뭔가가 보인다면…? 어후, 갑자기 오싹해진다.

그렇다면 가위눌림을 피하기 위해 잠의 단계를 선택해서 잘 수는 없을까? 2010년에 개봉한 영화 〈인셉션〉에서는 꿈속에서 꿈을 꾸기도 한다. 꿈속에서 마음대로 행동하는 것에 더해 마치 잠의 단계까지 조절하는 것처럼 보인다. 이처럼 잠의 깊이를 마음대로 조절하고 원하는 잠의 단계를 선택해서 자는 것이 현실에서도 가능할까? 가위에 눌렸을 때 얼른 잠의 단계를 바꿔 몸을 움직이거나 시간이 별로 없을 때 자리에 눕자마자 바로 서파수면으로 들어간다면 얼마나 효율적일까. 또 꿈을 꾸고 싶을 때 다른 단계는 거치지 않고 바로 렘수면 단계로만 들어갈 수 있어도 좋을 것 같다.

아쉽게도 원하는 잠의 단계를 골라 자는 것은 불가능하다. 뻔한 말이지만 뇌의 활성을 우리 마음대로 조절하는 것이 불가능하기 때문에 그렇다. 각 단계별로 뇌의 어느 부위가 활성화되고 어떤 형태의 뇌파가 발생하는지에 관한 정보는 많이 있지만, 이를 안다고 해서 뇌의 활성 상태를 인위적으로 유도하거나 조절하는 것은 어렵다.

잠의 단계는 한 단계에서 다음 단계로 점차적인 변화를 거친다. 각 단계별로 특징을 구분하고 있지만, 사실 각 단계가 분리되어 있는 게 아니며 모든 단계가 하나의 자연스러운 흐름을 이루고 있다. 각 단계가 순차적으로 나타나는 하나의 과정이라면 궁극적으로 다다라야 하는, 가장 중요한 역할을 하는 최종 단계도 있을까? 그렇지도 않다. 네 가지 잠의 단계가 각각 다른 기능을 가지고 있으며, 각 단계에서 일어나는 일이 모두 우리가 잠을 자야 하는 이유가 된다. 따라서 각 잠의 단계별로 뇌에서 일어나는 일을 모두 기억하는 것은 전혀 중요하지 않다. 우리가 꼭 기억해야 할 정말 간단하고도 중요한 사실은, 매일 일정한 시각에 일정한 시간만큼 규칙적으로 잠을 자야 한다는 것이다.

잠에 대해 더 밝혀져야 할 사실이 아직 많다. 서파수면과 렘수면 단계에서 발생하는 세부적인 일들이 가진 기능과 역할 또한 자세히 밝혀지지 않았다. 또 나머지 단계에서 일어나는 일 모두 잠을 자야 하는 이유가 된다. 만약 불필요했다면 우리 뇌는 이 같은 단계를 모두 없애고 곧장 서파수면과 렘수면으로 빠져들도록 발달하지 않았을까?

세상에서 가장 무고한 피조물은
잠이고,
세상에서 가장 악한 피조물은
잠들지 않는 인간이다.
– 프란츠 카프카(소설가)

Sleep is the most innocent creature

there is and

a sleepless man is the most guilty.

- Franz Kafka

2

수면 부족

A│ 벌써 10시가 넘었네. 퇴근 안 해?

B│ 시간이 벌써 이렇게 됐네요? 어서 퇴근하세요! 저는 오늘 이거 끝내고 갈 거예요.

A│ 그거 끝내려면 거의 밤새워야 하는 거 아냐? 무리하지 마.

B│ 하하, 저는 밤잠이 별로 없어요. 너무 힘들면 내일 조금 천천히 출근하겠습니다.

A│ 난 이제 하루만 밤새워도 회복하는 데 일주일은 걸리던데. 아무리 올빼미 체질이라고 해도, 정말이야, 무리하지 마. 일보다 건강이 더 중요한 거야.

B│ 네, 명심하겠습니다. 그렇지만 정말 걱정 마세요. 잠 안 자고 버티는 데 둘째가라면 서러운 걸로 유명했거든요.

A│ 그래, 수고해 그럼. 난 먼저 들어가!

누구나 밤을 새워본 경험이 있을 것이다. 책을 읽거나 게임을 하다가, 또 오랜만에 만난 친구와 이야기를 하다 보니 피곤한 줄도 모르고 밤이 지나간 경험 말이다.

잠을 자지 않는 게 정말 건강에 해로울까? 너무 피곤하고 잠이 올 때 '죽을 것 같다'는 표현을 하기도 하는데, 관용적으로 쓰는 과장된 표현이라고 보아 넘겨도 될 일인지 궁금하다. 과로사라는 것도 실제로 존재하니까 말이다. 과로사까지 가지는 않더라도, 과로라는 게 단순히 잠을 자지 않는 것만으로 찾아오는 걸까? 잠을 얼마나 잤는지보다 깨어 있는 동안 얼마나 육체적으로 고되게 움직였는지가 중요한 것 아닐까?

밤을 새우면, 그러니까 잠을 자지 않으면 우리 몸에서는 어떤 일이 일어날까? 또 반대로 잠을 자는 동안 몸에서 어떤 일이 일어나는지도 함께 알아보자.

잠이 부족한 것을 어떻게 알까?

■

'수면 부족'의 정의는 무엇일까? 사실 적절한 잠의 양에는 절대적인 기준이 없다. 잠이 부족한 상태는 주관적인 기준에 의해 판단하는 수밖에 없다. 미국 국립보건원에서 제시하고 있는 기준을 살펴봐도 정말 주관적이다. 아래 네 가지 중 하나 이상에 해당한다면 모두 잠이 부족한 것으로 본다.

잠이 부족한 당신에게 뇌과학을 처방합니다

- 잠을 충분히 자지 못한 경우
- 자연스러운 생체 리듬에 생활 패턴을 맞추지 못하고 잘못된 시간대에 잠을 자는 경우
- 잠을 자긴 자지만 질적으로 제대로 자지 못해 푹 잤다고 느끼지 못하는 경우
- 수면 장애로 인해 충분히 잠을 자지 못하는 경우

잠을 충분히 잤다고 느끼는 시간에는 사람마다 차이가 있을 수밖에 없다. 감기에 잘 걸리는 사람과 그렇지 않은 사람이 있듯 잠이 많은 사람과 잠이 적은 사람이 존재한다. 그리고 이 차이는 타고난 체력, 살아온 환경이나 생활 습관 등 다양한 요인의 영향을 받는다.

사람마다 필요한 수면 시간에는 차이가 있지만, 모든 사람에게 공통적인 사실은 잠을 자지 않고는 살 수 없다는 것이다. 밤새우는 게 쉬운 사람이라고 해도 평생 동안 아예 잠을 자지 않는 것은 불가능하다. 제때 충분한 양의 물을 마시지 않으면 목이 마르다고 느끼고, 그 상태에서 눈 앞에 마실 것이 놓였을 때 벌컥벌컥 들이키는 것과 마찬가지다. 머리만 대면 저도 모르게 잠에 빠진다면 당신은 누가 봐도 잠이 부족한 것이다. 실제로 잠을 충분히 잤다면 굳이 알람 시계가 울리지 않아도 눈이 뜨이고, '피곤하다'는 느낌이 남아 있지 않아야 한다.

별로 놀라운 사실은 아니지만, 통계 조사 결과로도 현대사회에서 수면 부족을 겪고 있는 사람의 수가 굉장히 많다는 것이 확인된다. 갤럽이 발표한 2013년 통계자료에 의하면 미국 인구의 40%가 하루에 평균

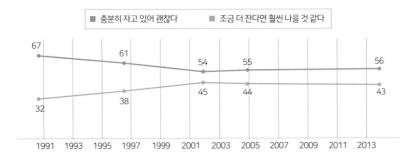

■ 충분히 자고 있어 괜찮다　　■ 조금 더 잔다면 훨씬 나을 것 같다

67	61	54	55	56
32	38	45	44	43

1991　1993　1995　1997　1999　2001　2003　2005　2007　2009　2011　2013

수면 시간의 만족도에 대한 조사 결과. 1991년에는 충분히 자고 있다는 응답이 67%였으나 2000년대에 들어서 56% 정도로 떨어졌고, 조금 더 자면 좋겠다는 응답이 32%에서 43%로 증가했다.

7시간도 채 자지 않는다고 응답했으며, 조금 더 잠을 잘 수 있으면 좋겠다고 응답한 사람이 절반 가까이 됐다. 갤럽에서 1991년에 같은 질문으로 시행했던 설문조사에서는 같은 응답을 한 비율이 30% 정도밖에 되지 않았다. 우리나라의 경우도 한국갤럽이 2013년 조사한 평균 수면 시간이 7시간도 채 되지 않아 미국과 비슷하게 많은 수의 사람들이 수면 부족을 겪고 있으리라 생각된다.

잠을 잘 잤다는 것은

■

수면 부족 상태가 되는 데는 잠을 잔 절대적인 시간의 영향만 있는 것이 아니다. 몇 시간 동안 자고 일어나도 몸이 찌뿌듯한 경우가 있고, 반대로 몇십 분만 자고 일어났는데 개운해지는 경우도 있지 않은가. 여기

잠이 부족한 당신에게 뇌과학을 처방합니다

서 알 수 있듯 잠을 자는 데 있어서 만큼 '양보다 질'이라는 말이 맞는 경우가 없다. 잠을 잔 절대적인 시간보다 질적으로 얼마나 잘 잤는지가 피곤함과 수면 부족 상태를 결정짓는 데 훨씬 큰 영향을 준다. 미국 국립보건원의 수면 부족 판단 기준에서 잠든 시간, 잠을 잔 총 시간과 같이 정량적이고 객관적으로 볼 수 있는 기준이 아니라 신체적 느낌, 주관적으로 판단한 상태가 나와 있는 게 이젠 그렇게 이상하게 느껴지진 않는다.

하루에 6시간만 자도 충분한 사람이 있다고 하자. 어느 날 이 사람이 1시간을 자고 30분을 깨어 있는 식으로 자다 깨다를 반복하면서 총 6시간 동안 잤다면, 이 사람은 충분히 잠을 잤다고 볼 수 있을까? 전혀 그렇지 않다. 잠을 잔 시간이 아무리 길어도 짧은 토막 잠을 여러 번 자거나 깊이 잠들지 못한다면 충분히 잠을 잤다고 보기 어렵다. 이렇게 잠을 자는 경우 잠의 네 단계 중 특히 깊은 잠의 단계를 충분히 거치지 못했을 가능성이 높다. 결과적으로 이 사람에게는 수면 부족 증상이 나타날 것이다.

질적으로 잠을 잘 잔 경우는 네 가지 잠의 단계를 모두 적절하게 거치며 잤을 때다. 사람마다 차이가 있겠지만, 잠의 각 단계를 고르게 거치면서 꼭 일어나야 하는 신체 변화가 원활히 일어나는 데에는 필요한 최소한의 시간이 있다. 수면 부족상태를 평가하고 결정짓는 기준은 매우 주관적이고 사람마다 차이가 있지만, 적절한 수면 시간이 있다고 보는 이유는 이 최소한의 시간 때문이다.

그렇다면 이 중 어떤 단계가 특히 더 중요할까? 얕은 단계의 잠보다는 깊은 단계의 잠이 더 중요한 역할을 수행할 것이라고 생각되고 있다.

잠의 질이 높아지는 데에는 다른 단계보다 서파수면 단계와 렘수면 단계가 더 중요한 역할을 한다고 여겨진다.

서파수면 단계에서는 신체적인 회복이 일어난다고 생각된다. 깨어 있는 동안 에너지를 소모하고 지쳐 있던 근육이 피로를 회복하는 시간이다. 또 호르몬의 변화와 신체 성장이 일어난다고 여겨지는 단계이기도 하다. 서파수면 단계의 깊은 잠을 충분히 자지 못할 경우 쉽게 피로감을 느끼게 되고 면역력이 떨어지거나 비정상적으로 체중이 늘 수 있다는 보고도 있다.

서파수면 단계에서 뇌를 제외한 신체가 회복된다면 렘수면 동안에는 주로 뇌가 회복과 정리의 시간을 가진다. 렘수면 동안 일어나는 가장 중요한 일은 깨어 있는 동안 외부로부터 받았던 자극, 즉 감정과 기억을 정리하고 저장하는 것이다. 잠을 잘 때 렘수면 단계를 충분히 거치지 않은 경우 기억력이나 집중력이 떨어지기도 하고, 인지 반응이 느려진다는 보고가 있다.

자지 않으면 죽는다

■

1990년대 TV 광고에서는 개그맨 김국진이 나와 외친 말이 크게 유행하기도 했다. "밤 새지 마~란 말이야!"(유튜브에 '김국진, 밤새지 마란 말이야'를 검색하면 오래된 광고가 아직도 세 편이나 나온다.)

밤에 잠을 자지 않는 것을 표현하는 '밤을 새운다'는 말까지 존재하는 데서 알 수 있듯, 밤에 잠을 자지 않는 것은 일반적인 일이 아니다. 사람은 해가 지고 밤이 되면 잠을 자는 것이 자연스럽고 당연한 일로 여겨져 왔다.

미국 스토니브룩 대학교의 알란 알다 센터에서는 매년 '플레임 챌린지(The Flame Challenge)'라는 대회가 열린다. '11살짜리에게 과학을 설명하기'라는 슬로건을 걸고 열리는 이 대회는 선정된 한 가지 과학적 개념에 대해 가장 쉽고 적절한 설명을 해낸 사람이 우승하며, 슬로건에 맞게 11세의 학생들이 실제 심사위원으로 참여한다. 2015년 더 플레임 챌린지의 주제가 바로 '잠'이었다. 이때 1등을 차지한 메시지가 '자지 않으면 죽는다(If you don't sleep, you will die)'였다.

잠을 자는 동안 신체적 회복, 기억의 저장과 같이 중요한 일이 일어난다는 것에 대해서는 많은 연구가 이뤄졌다. 그런데 정말 잠을 자지 않으면 죽기까지 할까? 대답부터 하자면, 정말 그럴 수도 있다. 하지만 매우 심각한 경우에만 해당하는 이야기니 너무 겁먹진 말길 바란다. 사실 동물에게 강제로 잠을 자지 못하게 하여 수면 부족이 일으키는 영향을 확인한 연구는 많다. 하지만 사람을 상대로 이런 실험을 수행하는 것은 불가능하다. 수면 부족과 사망 위험의 인과관계를 확인하려고 일부러 실험을 하는 것은 너무 위험하고 비윤리적이지 않은가(사실 다른 동물들에게도 비윤리적이다). 일시적인 수면 부족 상태가 집중력과 신체 기능의 저하를 일으켜 간접적으로 사망 가능성을 높인 경우에 대해서는 보고된 바가 많지만 수면 부족 상태가 직접적인 죽음의 원인이 되는지 여부나 어느 정도의 수면 부족이 치명적인지에 대한 정확한 정보는 아직 많지 않다.

매우 희귀한 질병이지만, 치명적 가족성 불면증(Fatal Familial Insomnia)이라는 유전 질환이 있다. 이 질병을 앓는 환자는 매우 짧은 시간 동안밖에 잠을 자지 못한다. 이것이 지금까지 알려진, 사람에게서 가장 긴 시간 동안 수면 부족 상태를 관찰할 수 있었던 경우다. 네 단계에 걸쳐 진행되는 이 질병에 걸리면 잠을 자지 못하는 시간이 점점 길어지고, 그에 따라 맥박과 혈압, 체온이 증가한다. 나중에는 운동 능력과 언어 능력까지 잃어버리고 혼수 상태에 빠지면서 사망에까지 이른다. 2006년 몬태나 대학교의 셴카인(J. Schenkein) 교수는 치명적 가족성 불면증 환자에게 약물 투여, 전기 자극 요법 등을 통해 강제로 잠을 자게 한 결과 수명을 1년 이상 연장시켰다는 연구 결과를 보고했다. 수면 부족이 직접적인 사인이 될 수 있다는 가능성을 높인 것이다.

잠이 부족하면 생기는 일들

■

잠을 자는 동안 몸은 휴식을 취하고 다음 날 다시 활동을 하기 위한 에너지를 축적한다. 잠을 자는 동안에는 근육이 이완되어 몸의 움직임이 거의 없고, 뇌의 활동도 깨어 있을 때보다 훨씬 감소한다. 잠이 들면 깨어 있을 때와 달리 내장기관의 활동이 더 활발해지고, 뇌에서는 낮 동안 겪었던 기억이 정리된다고 여겨진다.

잠이 부족하면 집중력이 저하되고 심한 피로감을 느껴 일상 생활에

잠이 부족한 당신에게 뇌과학을 처방합니다

서 실수하거나 사고를 일으킬 가능성이 높아진다. 졸음운전이 가장 대표적인 예다. 또 역사적으로 큰 재앙이었던 체르노빌 원전사고, 챌린저호의 폭발사고도 작업자의 수면 부족이 상당한 영향을 미쳤다고 알려져 있다.

잠이 부족한 사람들에게서 스트레스를 받았을 때 분비되는 호르몬인 코르티솔의 양을 측정했더니 충분한 잠을 잔 사람들보다 2배 이상 높았다는 보고가 있다. 코르티솔의 양이 높아지면 심장으로 들어가는 혈관의 압력이 높아지게 되는데, 이 상태가 지속되면 고혈압을 비롯한 심장 질환에 걸릴 가능성까지 높아진다.

또 충분한 잠을 자지 못한 사람들은 포도당 내성이 증가한다는 보고도 있다. 포도당과 같은 당분을 섭취하면 몸 안에서는 인슐린이라는 호르몬이 분비되어 당을 분해하고 에너지를 생산한다. 하지만 포도당 내성이 생기면 당분을 섭취해도 인슐린이 충분히 분비되지 않는다. 그 결과 혈당량이 높아지고 당뇨가 발생할 수 있다. 뿐만 아니라 인슐린이 적절히 분비되지 않으면 배가 부르다는 신호를 주는 렙틴(Leptin)이라는 호르몬의 분비까지 감소한다. 결과적으로 배가 부른 상태를 인지하지 못해 먹는 양이 늘어나기 쉽다. 또 면역계의 기능이 떨어지면서 몸이 더 많은 에너지를 축적하려고 지방을 많이 저장하게 된다. 이 모든 효과를 종합해보면 살이 쉽게 찌게 되고 비만의 위험이 높아진다.

수면 부족은 감정 조절에도 문제를 일으킬 수 있다. 잠이 부족하면 감정을 느끼고 그에 대처하는 능력에 문제가 생긴다는 연구 결과도 있다. 여러 가지 감정 신호 중 두려움은 갑작스럽게 위험한 상황이 벌어졌을

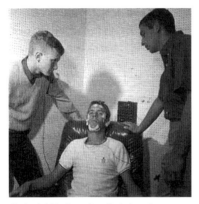
수면 검사를 받고 있는 랜디 가드너

때 적절히 반응하고 대처할 수 있게 해준다. 두려움을 처리하는 경로에는 뇌의 일부와 심장이 연관되어 있는데, 잠이 부족한 사람들에게서는 이 경로가 제대로 작동하지 못했고, 그 결과 위험한 상황을 판단하지도, 그에 대해 적절한 반응을 보이지도 못했다는 보고도 있다.

이처럼 충분히 잠을 자지 않는 것은 많은 문제를 야기한다. 하지만 아무래도 가장 큰 문제는 잠이 부족한 사람 본인이 느낄 괴로움이다. 이 점을 이용해 잠을 못 자게 하는 것이 고문으로 자행되기도 했으며, 실제로 9·11테러가 일어난 후 미국 CIA에서 테러범에게 잠을 재우지 않는 고문을 가했다는 사실이 밝혀져 논란이 되기도 했다.

반면 스스로 잠을 자지 않고 버티는 사람들도 있다. 1964년 당시 고등학생이었던 미국의 랜디 가드너(Randy Gardner)는 11일하고도 24분이라는 시간 동안 어떤 장치나 외부의 자극 없이 잠을 자지 않고 버텨 기네스 기록을 세웠다. 랜디 가드너의 기록은 윌리엄 디멘트 박사에 의해 과학적으로 입증되기도 했다.

잠이 부족한 당신에게 뇌과학을 처방합니다

밤을 잘 새울 수 있는 방법은?

■

졸음을 쫓기 위한 방법으로 가장 쉽게 떠오르는 것이 커피나 에너지 드링크를 마시는 것이다. 여기에는 카페인이 다량 함유되어 있는데, 카페인은 몸이 피곤하다고 느낄 때 만들어지는 아데노신과 그 형태가 비슷하다.

아데노신 수용체에 아데노신이 결합하면 수용체가 활성화되면서 피곤하다는 신호가 발생한다. 아데노신과 형태가 유사한 카페인은 아데노신 수용체에 결합할 수 있는데, 이때 아데노신과 달리 수용체를 활성화시키지는 못한다. 따라서 카페인을 섭취하면 아데노신이 결합할 수 있는 수용체의 수가 줄어들게 되면서 아데노신이 아무리 많이 만들어지더라도 피곤하다는 신호가 발생할 수 없다.

애초에 아데노신 수용체가 많이 비어 있다면, 즉 아데노신이 아데노

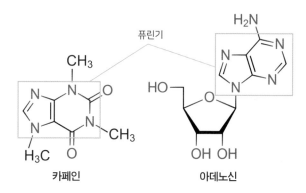

카페인과 아데노신의 분자 구조. 두 물질 모두 오각형과 육각형이 맞닿은 형태인 퓨린($C_5H_4N_4$) 기를 가졌다.

신 수용체에 최소한으로 결합한 상태에서 카페인을 섭취한다면 잠을 쫓는 효과가 더욱 커질 것이다. 실제로 30분 정도 낮잠을 자거나 휴식을 취하면 수용체에 결합한 아데노신이 다수 떨어지게 되는데, 그때 커피를 마시면 카페인이 비어 있는 아데노신 수용체 대부분과 결합하면서 졸음을 쫓는 효과가 극대화된다는 연구 결과도 있다.

그런데 카페인으로 인한 각성 상태가 반복되면 세포 수준에서 일주기 리듬 자체가 변한다는 연구 결과도 있다. 일주기 리듬 자체가 변하면 낮에 깨어 일상 생활을 하고 밤에 충분히 잠을 자는 규칙적인 생활을 하기가 어려워진다. 이 연구는 초파리를 대상으로 수행된 것이라서 사람에게서도 같은 효과가 나타날 것이라고 확신할 수 없긴 하다. 하지만 장기적으로 건강한 생활을 유지하기 위해서는 낮에 피곤할 때 커피를 마시는 대신 잠깐 산책을 하거나 짧게 낮잠을 자는 방법으로 피로를 풀고 밤에 규칙적으로 충분한 잠을 자려고 노력하는 편이 낫겠다.

잠에도 빛이 있다

■

잠이 부족해 생기는 온갖 신체적, 심리적 문제는 잠을 충분히 자는 것 말고는 해결할 방법이 없다. 잠이 부족한 것이 이렇게 심각한 문제인데도 불구하고 현대 사회에는 잠자는 시간이 아깝다는 인식이 강하게 퍼져 있는 것 같다. 밤이 되어도 환하게 불이 켜진 창문과 거리가 익숙하고, 하루 이틀 정도 밤새우는 것은 별로 대단한 일도 아닌 시대. 그러나 제때 충분한 잠을 자는 것만큼 중요한 것은 없다.

무엇보다 중요한 사실은, 잠을 자지 않으면 그 부족한 잠이 계속해서 빚으로 쌓인다는 것이다. 앞서 얘기한 밤샘 기네스 기록 보유자인 랜디 가드너도 도전이 끝난 직후 14시간 40분이나 잠을 잤다. 또 그만큼 자고도 며칠 동안 10시간 가까이 잠을 잤다고 한다.

한번 부족하게 잔 잠은 반드시 다시 채워줘야 한다. 이렇게 빚처럼 쌓여 나중에 필요로 하는 잠의 양을 증가시키는, '못 다 잔 잠'을 '수면 빚'이라고도 부른다. 수면 빚을 갚는 데는 실제로 부족하게 잔 잠의 양보다 더 긴 시간의 잠이 필요하다. 즉 어제 다 못 잔 3시간짜리 잠에 대한 빚은 3시간 이상으로 쌓인다는 말이다. 이 빚은 누구도 피해갈 수 없다.

아침에 잘 못 일어나는 건 게으른 탓?

아침에 일어나는 게 유독 힘든 사람이 있다. 전날 밤 잠자리에 든 시간이 늦을수록 아침에 일어나는 게 더 힘든 것은 맞지만, 꼭 늦게 잤기 때문에 힘든 것만은 아니다. 비교적 이른 시간에 잠자리에 들어도 어떤 사람들은 아침에 침대에서 일어나는 게 너무 힘들다고 한다. 혹시 특별한 이유가 있을까?

잠에서 깨어나는 시각에 대한 생체 리듬이 늦은 시각으로 형성되었다거나 단순한 생활 습관의 문제라고 보아 넘기자니 게으른 잠꾸러기로 치부하는 것 같아서 조금 억울하기도 하다. 사실 나도 남부럽지 않게 아침에 못 일어나는 사람이기 때문이다.

다행인지 모르겠지만, 아침에 일어나지 못하는 것은 하나의 증상으로 분류되고 있다. 의사가 정식으로 진단을 내릴 수 있는 질병으로 인정되는 것은 아니지만, '디자니아(Dysania)'라는 영어 명칭까지 있다(아쉽게도 한글 명칭은 아직 보이지 않는다). 잠이 부족하거나 평소보다 더 졸린 상태라기보다 정말로 아침에 침대에서 일어나기가 어려운 증상을 특별히 가리킨다. 물론 한두 번은 이런 느낌을 가질 수 있겠지만, 디자니아는 만성적으로 거의 항상 이런 느낌을 가진다. 이 증상을 가지는 사람들은 침대에서 벗어나는 것 자체에 두려움이나 불안감을 느끼고, 일상 생활에 지장을 받기까지 한다.

이 증상은 이 자체로 질병이라고 보기는 아직 어렵다. 보통 우울증이나 만성 피로, 수면 부족으로 인해 나타나는 현상이라고 여겨지고 있다. 질병이 아닌 만큼 특별한 치료법이 존재하지도 않는다. 다만, 증상이 심각한 경우 전문가와 상담을 통해 원인을 찾고 어려움을 해결하는 것이 필요하다.

반면 아침에 항상 일찍 깨어나는 사람도 있다. 최근 연구 결과에 따르면 새벽같이 눈이 뜨이는 '초(超) 아침형 인간' 역시 습관의 문제만은 아니라고 한다. 아무리 늦게 잠자리에 들어도, 또 아무리 피곤하더라도 새벽같이 눈이 뜨이는 사람들은 유전자의 영향을 받은 것이라고 한다.

잠이 오지 않으면 누워서 걱정하는 대신

일어나 무엇이든 하라.

잠을 못 자는 것보다 걱정하는 것이 더 문제다.

– 데일 카네기(작가)

If you can't sleep, then get up and do something

instead of lying there and worrying.

It's the worry that gets you, not the loss of sleep.

- Dale Carnegie

3

수면 장애

A｜캠핑 잘 다녀왔어?

B｜평일에 가서 그런지 한산하더라. 그런데 나 캠핑장에서 무서운 일 있었다.

A｜뭔데?

B｜밤에 잠이 막 들려고 하는데, 어디서 사람 말소리가 들리는 거야. 속삭이는 목소리로 '부셔버려'라고 하더라고.

A｜부셔버려? 너무 무서운데?

B｜정말 무서웠어. 밤새 한잠도 못 잤지. 만약 텐트로 벌컥 쳐들어오면 어쩌지, 무기로 쓸 만한 게 있나, 뭐 한다고 혼자 여행을 왔지, 별생각을 다 하다 보니까 동이 트더라고. 정신을 차리니까 그 소리가 안들리더라? 그래서 텐트 살짝 내리고 조심스럽게 밖을 내다보는데, 갑자기 옆쪽에서!

A｜옆쪽에서 왜!

B│ 어두워서 몰랐는데 가까이에 텐트가 하나 더 있더라고. 거기 있던 아저씨 잠꼬대 소리였지 뭐야.

이를 갈거나 코를 골고 잠꼬대를 하는 건 무엇 때문일까? 잠을 자는 동안에도 우리 뇌는 깨어 일을 하고 있다. 따라서 자는 동안 뇌가 그렇게 지시를 내린다면 깨어 있을 때 우리 몸이 반응하고 움직이는 것과 마찬가지로 몸을 움직이거나 말소리를 내는 것이 가능하다. 다만 잠든 상태이니 스스로 의식적으로 그러한 움직임을 조절할 수는 없을 것이다.

단순히 깨어 있을 때와 마찬가지로 뇌가 활동하고 명령을 내려서 신체 일부분이 움직인 것이라면 그게 뭐가 문제일까 싶다. 사실 맞다. 자는 동안 잠꼬대를 한다거나 몸부림을 치거나, 이를 갈고 코를 고는 것이 항상 문제가 되는 것은 아니다. 하지만 이런 현상을 일반적이라거나 정상적이라고 볼 수는 없다. 무엇보다 삶의 질에 영향을 미치는 경우가 많다는 점이 문제다.

잠버릇 혹은 사건 수면
■

마치 인형처럼 가만히 누워서 잠을 자는 사람은 전체 인구 중 얼마나 될까? 수면 장애라고 불리는 다양한 수면 중 이상 행동 증상은 그 종류가 다양하다. 대부분의 사람들에게 일생에 한 번은 나타난다고 볼 수도 있다.

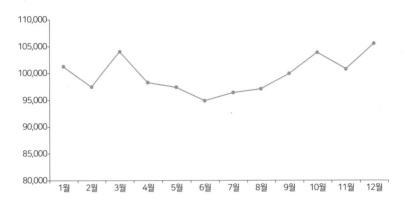

· 연평균 수면 장애 진단 및 진료를 받은 인구 ·

국내에서 수면 장애로 병원을 찾아 진단 및 진료를 받은 사람의 수는 2018년 기준 57만 명이다. 이는 국민건강보험공단에서 수면 장애와 관련된 질병코드로 진료를 받은 기록을 조회한 결과다. 실제로 심각한 불편함을 느낀 사람의 비율이라고 볼 수 있겠다. 그렇다면 병원을 찾지 않는 경미한 수준의 수면 장애, 사실 장애라고 이름 붙이는 것이 적합한지 모를 정도로 미미한 증상을 가진 사람은 얼마나 더 많을까?

사실 한두 번 잠깐 나타났다가 사라져버리는 일시적 증상이라면 그것을 수면 장애라고까지 불러야 할지 모르겠다. 일상 생활에 큰 지장을 주지 않는 한 그런 미미한 증상은 단순한 '잠버릇'이라고 표현하는 게 더 적합할 것 같다. 잠버릇이 있다고 해서 병원에 가서 진료를 받아야 하는 건 아니니까 말이다.

어린아이부터 연세가 많으신 할머니, 할아버지까지 거의 모든 사람은 자신만의 잠버릇을 가지고 있다. 잠버릇이 없는 사람도 꽤 많이 있지만 정말 잠버릇이 없는 것인지, 아니면 그 정도가 너무나 미미하고 빈도가 매우 낮아 잠버릇이 관찰되지 않고 자각할 수 없는 것인지는 아무도 모를 일이다. 잠버릇의 유형은 그 유형과 정도가 매우 다양하니 말이다.

잠버릇이 있는 건 좋다 나쁘다 판단하거나 평가할 일은 아니다. 매일 밤 편안하게 잠을 잘 자고 깨어 있는 동안 불편함 없이 생활하면 아무 문제 없다. 잘 살고 있는 거다. 문제는 인생에서 무시하고 넘어갈 수 없는 영향을 줄 수 있는 잠버릇들이 사라지지 않고 계속해서 존재한다는 점이다. 그 원인이 무엇인지, 왜 그런 것인지 이유를 대기가 어려운 상황에서 심각한 잠버릇, 즉 수면 장애의 새로운 유형은 하나씩 더 드러나고 있다. 실제로 수면 장애로 인해 병원을 찾는 인구의 수는 2018년 57만 명에서 매년 조금씩 증가하고 있다.

그리고 대부분의 수면 장애에 대한 대처법은 존재한다. 완전히 제거하기는 어렵더라도, 그 위험성이나 대처법에 대해서도 많은 이해와 연구가 이루어졌다. 원인도 어느 정도 추측할 수 있으며 계속해서 연구가 활발히 진행되고 있다.

잠드는 것에는 문제가 없지만 잠을 자는 동안 보통이라면 잘 일어나지 않는 이상한 신체 반응이 일어나는 경우를 특별히 '사건 수면'이라고 부른다. 렘수면 행동장애, 야경증, 몽유병, 이갈이, 야뇨증, 유아 돌연사 증후군 등이 모두 사건 수면에 해당한다. 보통 렘수면 동안에는 신체의 근육이 이완되고 몸이 움직이지 않는다고 알려져 있다. 그런데 렘수면 행동장애가 있으면 꿈을 꾸는 동안 과격하게 몸이 움직이면서 함께 잠을 자는 사람을 심하게 때리기도 하고 침대에서 뛰쳐나가는 증상을 보이기도 한다. 야경증은 잠을 자다가 갑자기 놀라서 벌떡 깨는 증상이다. 야경증이 있는 사람은 잠을 자다가 갑작스럽게 이유 없는 두려움을 느끼면서 깨게 되는데, 가장 깊은 잠의 단계로 알려진 서파수면 도중에 갑자기 각성 상태가 찾아오는 경우 이런 현상이 일어난다. 비교적 잘 알려져 있는 몽유병의 증상은 잠이 들어 있는 상태에서 마치 깨어 있는 것처럼 행동하는 것이다. 자연스럽게 걷고 움직이며, 말을 하기도 한다. 역시 서파수면 동안에 일어나며 단순한 잠꼬대 정도에 그치는 경우도 많다. 몽유병 환자는 깨우기가 어렵기도 하지만, 그들을 섣불리 깨우려고 하면 공격적인 행동을 할 수도 있으니 위급한 상황이 아니라면 그냥 내버려두는 것이 좋다.

증상이 일상 생활에 지장을 주거나 건강에 심각하게 좋지 않은 영향을 미치는 것이 아니라면 사실 사건 수면이 있다고 해도 별다른 조치가 필요하진 않다. 사건 수면이 있더라도 잠을 자는 과정 자체에는 문제가 없기 때문이다. 즉 사건 수면이 일어나더라도 네 가지 수면 단계를 정상적으로 거치며, 사건 수면을 겪지 않는 경우와 마찬가지로 잠을 잘 수 있다. 하지만 일상 생활에 불편함을 겪는 경우에는 관리를 해줄 필요가 있다.

수면 장애 진단

■

의도하지 않았는데 찾아오는 잠의 방해꾼, 수면 장애의 종류는 생각보다 다양하다. 잠을 자기는 하지만 충분한 시간 동안 편안하게 자지 못하는 경우를 모두 수면 장애라고 본다. 몽유병을 비롯한 사건 수면 외에 잠을 자는 동안 가위에 눌리는 것, 심지어 잠을 너무 많이 자는 것도 수면 장애에 해당한다.

잠을 잘 자지 못하거나 자더라도 일어났을 때 개운하지 않다면 수면 장애의 가능성을 의심할 수 있다. 만약 그럴 경우에는 어떻게 해야 할까?

수면 장애가 있는지 확인할 수 있는 가장 쉬운 방법은 문답을 통한 자가 진단을 하는 것이다. 스스로 수면 습관과 평소 생활 습관에 관계된 문항에 답하여 진단하는 방법이다. 하지만 잠을 자는 동안 자기 자신의 상태가 어떻게 변하는지는 스스로 알기 어렵기 때문에, 수면 장애 환자의 대부분은 증상을 자각하지 못한다. 따라서 이 방법은 잠을 자는 동안 발생하는 수면 장애보다는 잠을 자지 못하는 수면 장애, 즉 불면증을 확인하는 데 더 효과적이다.

'수면 다원 검사'라고 불리는 전문적인 수면 검사는 하루나 이틀에 걸쳐 설비를 갖춘 곳에서 잠을 자기만 하면 된다. 잠을 자는 동안 뇌파, 눈의 움직임, 근육에서 발생하는 신호, 심장 박동이나 호흡을 측정하면 수면의 질과 장애 여부를 확인할 수 있다.

물론 평소 집에서 자던 그대로 낯선 곳에서 잔다는 게 쉬운 일은 아니다. 그리고 생각보다 비용도 적지 않아서 원할 때 누구나 손쉽게 검사할 수 있다고 말하긴 어렵다. 하지만 수면 장애를 정확하게 진단하고 해결 방법을 찾기 위해서는 이 검사를 통해 자신이 실제로 잠자는 모습을

· 수면 다원 검사 ·

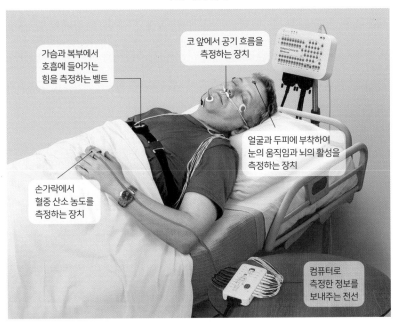

전문가에게 보이는 것이 좋다. 이제 수면 다원 검사를 통해 알 수 있는 몇 가지 수면 장애 증상에 대해 살펴보자.

수면 무호흡증

■

수면 무호흡증은 잠을 자는 동안 목 근육의 움직임이 제대로 조절되지 않아 기도 위쪽이 일시적으로 폐쇄되면서 발생한다. 보통 한 번에 30~90초 정도 호흡이 정지되고 잠을 자는 동안 최대 600번까지 일어날 수 있다고 한다. 수면 무호흡증은 그 증상의 심각한 정도에 따라 다시 세부적으로 구분할 수 있다. '주요 수면 무호흡증'은 그중에서도 가장 위험하다. 근육의 움직임만 문제인 게 아니라 뇌와 폐 사이의 신경 신호 전달이 원활히 이뤄지지 않아 호흡이 조절되지 않으면서 무호흡 증상이 발생하는 경우다.

누구나 숨을 쉬지 못하면 증상을 알아차리고 잠에서 깨어날 것 같지만, 놀랍게도 수면 무호흡증을 앓고 있는 환자의 95%가 자신의 증상을 깨닫지 못한다. 하지만 호흡이 일시적으로 중단된 뒤에는 대부분 매우 큰 소리로 코를 골거나 몸을 크게 움직이기 때문에, 함께 자는 사람이 있다면 쉽게 발견하고 고칠 수도 있는 증상이다. 그러니 위험한 상황으로 이어지는 것을 막으려면 환자가 잠을 자다가 기도가 폐쇄되었을 때 깨워서 숨을 쉴 수 있게 하는 것이 좋다.

가벼운 수면 무호흡증에는 약물이나 CPAP(Continued Positive Airway Pressure)장치가 도움이 될 수 있다. CPAP는 잠을 자는 동안 코와 입을 통해 기도로 계속 약하게 공기를 보냄으로써 기도가 열려 있도록 도와주는 장치다. 하지만 언제나 가장 중요한 사실은 임의로 수면제나 기타 약물 또는 기구를 사용하지 말고 전문가의 도움을 받아야 한다는 것이다.

하지 불안 증후군

■

하지 불안 증후군은 특히 잠이 막 들려고 할 때 다리 근육을 조절하는 신경에 이상이 생기면서 멋대로 다리가 움직이는 증상을 말한다. 쉽게 생각하면 나도 모르게 '이불킥'을 날리는 것인데, 단순히 다리가 움직이는 정도가 아니라 다리 쪽이 가렵거나 당기고, 통증을 느낄 경우 수면 장애라고 볼 수 있다.

하지 불안 증후군은 일시적인 근육의 이상 움직임이 원인이 아니라 근육을 조절하는 신경 자체에 이상이 있는 것이기 때문에 정말 심각한 경우 깨어 있는 낮 시간에 갑자기 사지가 움직이기도 한다.

기면증

■

잠을 잘 자지 못하는 것뿐 아니라 지나치게 많이 자는 것 역시 수면 장애에 해당한다. 대표적인 것이 기면증이다. 기면증은 일상 생활에서 원하지 않는 때에 잠에 빠져드는 증상이다. 평균적으로 2~3시간마다 15~20분 정도의 잠에 빠져든다. 낮 동안 주체할 수 없는 피곤함을 느끼거나 온 몸에 힘이 빠지며 발작까지 일으킬 수 있다. 환자에 따라 수면과 각성 상태가 전환될 때 온 몸이 마비되는 수면 마비 증상이 나타나거나 환청, 환각을 느끼기도 한다.

기면증의 원인은 아직 명확하게 밝혀지지 않았다. 다만 여러 가지 요인을 의심하고 있는 수준이다. 주로 청소년기에 많이 발생하며 유전적인 요인이 있다고 알려져 있다. 낮 동안 갑작스럽게 렘수면이 찾아오면서 이 같은 증상이 나타나는 것으로 보는데, 모두에게 잘 통하는 치료법은 아직 제시되지 않았다. 다만 급작스럽게 잠에 빠져드는 것을 방지하기 위해 의도적으로 낮잠을 자거나 밤 시간에 규칙적으로 잠을 자는 습관을 들이면 호전될 수 있다.

수면 중 성행위

■

이번에는 최근에 드러난 흥미로운 수면 장애 유형 중 하나다. 보통 수면 장애, 사건 수면이라고 불리는 경우는 『정신질환 진단 및 통계 편람(DSM)』에 등록된 유형을 말한다. 새로 소개하고자 하는 수면 장애 유형은 현대에 와서 갑자기 나타난 어떤 질병 같은 것은 아니다. 다른 사건 수면 유형들과 마찬가지로 잠을 자면서 나타나는 행동 중 숙면을 방해하고 심하면 일상 생활에까지 지장을 줄 가능성이 있는 행동인데, 타인에게까지 영향을 미칠 수 있는 유형이다.

바로 '수면 중 성행위(Sexomnia)'다. 이게 무슨 소리냐고? 말 그대로 잠을 자면서, 정확히 말하면 완전히 잠에 빠져 있는 상태에서 성행위를 한다는 뜻이다. 몽정 얘기인가? 아니다. 몽정과는 다르다. 성적으로 발달 중인 청소년에게서 많이 나타나는 몽정은 잠을 자는 도중에 사정이 이루어지는 것으로 사건 수면으로 보지 않는다. 몽정을 한다고 해서 숙면을 방해받는다고 보기 어려우며, 이는 오히려 많은 사람들에게서 관찰되는 일반적인 신체 반응으로 여겨진다.

잠을 자는 도중 관찰된 이상 성 행위는 2003년 콜린 샤피로(Colin M. Shapiro)의 연구에서 처음으로 11건이 보고되었고, 수면 중 성행위라고 명명되었다. 이 증상은 비 렘수면 동안 발생한다.

수면 중에 마치 각성 상태의 사람처럼 근육이 움직인다는 점에서 수면 중 성행위를 몽유병 증세의 하나라고 생각하는 경우도 있다. 하지만 둘은 다르게 분류해야 한다. 단순히 잠든 상태에서 혼자 특정한 목적지도 없이 걸어 다니는 몽유병 증세와 달리, 수면 중 성행위는 혼자서 수음과 같은 행위를 보이는 것이 아니라 성행위를 하는 상대방이 존재한다. 그리고 걷는 행위와 달리 일련의 복잡한 행동 양식이 동반된다는 점에서도 둘은 구분되어야 한다.

주로 관찰되는 잠의 단계, 즉 뇌의 활성 상태에도 차이가 있다. 보통 서파수면 동안 주로 발생하는 몽유병과 달리 수면 중 성행위는 비 렘수면 단계 중 어느 때에나 발생할 수 있다.

또 잠든 시간을 두고 보았을 때 몽유병은 전체 시간의 3분의 1이 지나기 전에 일어나지만 수면 중 성행위는 잠을 자고 있는 동안 어느 때에든 일어날 수 있다. 시간 역시 몽유병은 길어봤자 30분 이내에 멈추는데 반해 수면 중 성행위는 30분을 넘어가기도 한다.

2003년 샤피로가 만난 한 환자를 통해 본격적으로 연구되기 시작한 이 증상에 대해서는 많은 연구가 이루어지고 있다. 하지만 2014년 5월에야 처음으로 『국제 수면 장애 분류(ICSD)』에 등재되었고, 알아내야 할

부분이 굉장히 많이 남아 있는 상태다.

수면 중 성행위는 여성보다 남성에게서 더 발견되고 있지만, 특별히 남성의 뇌와 신경계가 이 같은 행동을 일으킨다는 근거는 없다. 수면 중 성행위는 잠을 자는 동안 옆에서 누군가가 관찰하며 발견해야 할 뿐 아니라, 그 행동의 특성상 의식과 의지 없이 일어나는 행위인지에 대한 의심을 단번에 하기 어렵다는 특성 때문에 얼마나 많은 사람에게서 나타나고 있는지 확실하게 파악하기 어려운 점이 있다. 2010년 미국에서 보고된 연구자료에 따르면 수면 장애를 가지고 있는 사람의 8% 정도가 수면 중 성행위 증세를 나타낸다고 보고 있다.

무엇보다 이 증상은 다른 사건 수면과 달리 심각한 문제를 일으킬 가능성이 있다. 잠들어 있기 때문에 의식이 없다고 볼 수 있는 상황에서 성행위를 하는 것은 범죄로 이어질 수도 있기 때문이다. 성행위를 한 사람은 본인 의지에 따라 의식이 있는 상태에서 하였다고 생각했는데, 알고 보니 다른 사람은 의식이 없고 의지가 존재하지 않는 상태에서 했다고 하면 이것 또한 범죄라고 판단할 여지가 있다.

다른 사건 수면보다 분명 복잡해 보이며 성인이 된 이후에 갑작스럽게 드러나기도 하는 이 증상은 도대체 왜, 어떻게 나타나는 걸까?

모든 행동은 뇌가 계획하고, 실행하는 순간까지 조절한다. 행동을 수행하고자 하는 의지를 만들고, 행동의 강도를 적절히 조절하고 멈추는 순간까지 행동을 '조절'하고 '조종'하는 데 가장 핵심적인 뇌 영역은 전전두피질(Prefrontal Cortex)이다. 쉽게 말하면 이마 부근에 위치한, 뇌의 겉 표면이라고 보면 된다. 그런데 이 부분은 잠이 들면 거의 신호가 발생하지 않는다. 함께 잠이 드는 것이다. 그래서 우리는 잠을 자는 동안 의식이 없고 의지를 가지고 행동을 조절하지 못하는 것이다. '의지' 그 자체라고 볼 수 있는 뇌 영역인 전전두피질이 함께 잠에 빠져버리기 때문에, 코골이, 몽유병은 물론 수면 중 성행위까지 자는 동안 스스로 행동을 조절할 수가 없다.

전전두피질이 잠들어서 특정 행동이 시작되었을 때 그 행동을 조절하거나 멈출 수 없다는 건 이해가 되는데, 그럼 이 행동이 시작되는 건 어떤 이유에서일까?

비 렘수면 단계는 렘수면 단계에 비해 잠의 깊이가 깊다. 깨어나기 어려운 상황인데, 어떤 이유에서인지 잠을 자다가 뇌가 비 렘수면 단계를 유지하지 못하고 잠에서 순간적으로 깨어날 수 있다. 이때 뇌에서는 잘못된 신호가 순간적으로 발생하고, 그 신호는 특정 행동을 유발하게 된다. 몽유병 환자가 걸어 다니는 것, 또 잠든 상태에서 갑자기 일어나 음식을 먹는 수면 식이, 그리고 지금 얘기하고 있는 수면 중 성행위 역시 그 결과로 일어나는 행동이다.

잠의 단계를 조절하는 뇌 영역은 겉 표면인 피질이 아니라 깊숙한 안쪽에 위치해 있다. 시상하부를 중심으로 하여 몇 개 영역이 잠의 단계를 조절하는 데 중요한 역할을 한다. 그런데 바로 그 근처에 수면 중 성행위에서 나타나는 성적 행동을 유발하는 뇌 영역이 존재한다. 신체의 특정한 움직임을 기억하고 순서대로 수행시키는 이 영역은 '중앙 유형 유발자(CPG, Central Pattern Generator)'라고 불리며, 뇌 안쪽에 위치해 있다. 중앙 유형 유발자의 기능은 전전두피질과 같이 어떤 행동을 할 것인가 말 것인가, 또 어느 정도로 열심히 그 행동을 수행할 것인가, 언제 멈출 것인가와 같이 행동에 대한 판단과 조절 작용과는 무관하다. 단순히 일련의 행동이 시작되도록 하는 스위치의 역할만 하는 곳이다.

신체 움직임을 기억하고 유발시킨다는 점에서 마치 작동 기억(Working memory, 흔히 '몸이 기억한다'고 하는, 특정 움직임을 뇌가 기억하는 것)이 저장되는 곳처럼 들릴지도 모르겠다. 하지만 작동 기억은 실제 학습의 결과로 뇌에 저장된 장기 기억인 것이고, 중앙 유형 유발자가 만들어내고 유지시키는 행동은 그 종류가 완전히 다르다. 중앙 유형 유발자가 유발하고 조절하는 행동은 특히 무의식적이고 반복적으로 일어나며, 생명 유지와 직결되는 것들이다. 대표적인 행동이 바로 숨을 쉬는 것이다.

호흡을 조절하는 '연수'라는 뇌 영역이 여기에 포함된다. 중앙 유형 유발자는 중뇌, 연수, 척추와 연결되는 부위가 종합적으로 연결된 신경 회로다. 그런데 잠을 조절하는 시상하부 역시 이 영역에 위치해 있다. 즉 이런 시나리오다. 깊은 잠에 빠진 와중에 갑자기 외부에서 어떤 자극이 오거나 뇌 내부에서 순간적으로 잘못된 신호가 발생하는 등의 이유로 시상하부가 깬다. 너무나 짧은 순간이라 순식간에 뇌는 다시 깊은 잠의 단계를 이어가고 의식도 깨어나지 않는다. 특히 전전두피질은 정말 곤히 잠들어 있다.

그러나 그 짧은 순간에 발생한 신호는 뇌의 다른 영역, 특히 가까이에 있는 중앙 유형 유발자로 전달된다. 그리고 그 신호가 중앙 유형 유발자의 회로를 활성화시키기까지 한다면, 이 무의식의 상태에서 우리는 걸어 다니는 것(몽유병), 음식을 씹고 삼키는 행위(수면 식이), 성적인 행동(수면 중 성행위) 등 특정한 행동을 하게 된다. 하지만 전전두피질이 잠들었기 때문에 우리는 이 행동을 하고 있다는 사실도 인지하지 못할뿐더러, 의지를 가지고 멈추지도 못한다.

그렇다면 이 수면 중 성행위를 치료할 수 있는 방법이 있을까. 아직 이 행위의 원인이 명확하게 규명되지 않은 만큼 이 행동을 없애거나 조절할 수 있는 방안이 뾰족하게 있지는 않다. 지금까지는 우울증 치료에 쓰이는 약이나 다른 비 렘수면 단계에 나타나는 사건 수면에 대처할 때 쓰이는 약을 처방하여 효과를 보았다는 사례가 몇 가지 있다. 하지만 정확한 작용 기전*이 밝혀졌다기보다 결과론적인 이야기이기 때문에 조심스럽고 다각적인 접근이 필요하다.

이 사건 수면 유형이 처음 보고되었던 10여 년 전에 비해 지금은 적지 않은 사람들이 이 증세를 보이는 것이 확인되었고, 이들은 전문가와 상담하고 있다. 특히 혼자만의 일에 그치는 것이 아니라, 평생을 함께할 배우자에게까지 불편함을 줄 수도 있고, 또 사회적으로 위험할 수 있는 증상이기 때문에 더 많은 연구와 대처 방안이 필요하다.

●　약이 어떤 과정을 통해 효과를 나타내는지 설명하는 것.

불면증

■

앞서 소개한 증상들보다 훨씬, 어쩌면 가장 흔한 수면 장애가 바로 '불면증'이다. 잠자리에 누웠는데 잠은 오지 않고 시간만 흘러갈 땐 정말 속수무책이다. 차라리 일어나서 밤을 새워버릴까 싶기도 하지만 그러다간 다음 날 피곤함에 정신 못 차릴 게 분명하다. 이렇게 의도하지 않았는데도 잠을 제때 자지 못하고 밤을 새우게 되는 경우를 불면증이라고 한다. 잠이 드는 데 문제가 있는 경우, 잠을 자다가 여러 번 깨는 경우, 원하는 시간보다 훨씬 일찍 눈이 뜨이는 경우 모두 해당된다.

불면증 증상은 신체적, 정신적인 스트레스를 받은 경우 일시적으로 나타나기도 한다. 그 경우 대부분 이틀에서 길게는 2~3주 정도 지속되고 사라진다.

잠이 들었을 때 뇌는 깨어 있을 때보다 주변 환경으로부터 오는 자극에 덜 예민하게 반응한다. 잠이 들기 위해서는 뇌를 포함한 신체가 전반적으로 이완될 필요가 있다. 깨어 있을 때와 비교했을 때 수면 상태의 뇌파가 진폭도 크고 주파수도 낮아지는 것을 생각해봐도 추측할 수 있다. 그런데 신경 쓰이는 일이 있거나 신체의 긴장 상태가 지속되면 뇌가 각성 상태에서 잠이 들기 위한 이완 상태로 접어들기가 어려워진다. 결과적으로 아무리 늦은 밤이 되어도 잠이 들지 못하게 되는 것이다.

불면 증세는 흔히 보이는 데다 쉽게 나타났다 사라지기도 해 가벼운 수면 장애로 여길 수 있지만, 그래서는 안 된다. 불면증은 규칙적인 뇌 활동을 방해하므로 각별히 주의해야 한다. 만약 불면 증상이 2~3주를

넘긴다면 만성적인 불면증을 의심해봐야 한다. 만성적인 불면증의 경우 치매나 파킨슨병, 수면성 간질 등 다른 질병이 원인이 될 수도 있으니 유의해야 한다.

잠이 보약이다

■

옛말에 '잠이 보약'이라는 표현이 있다. 잠을 잘 자면 몸과 마음이 편안해진다는 의미다. 수면 장애에는 다양한 유형이 있지만 그 원인은 대부분 심리적 불안감, 스트레스, 체력 저하인 경우가 많다. 실제로 심리적 불안감이 원인인 경우 명상이나 족욕과 같이 신체적, 정신적으로 안정감을 주는 활동을 하거나 심리치료를 받음으로써 증상이 완화되는 경우도 있다.

불면증까지는 아니지만 일시적으로 쉽게 잠들지 못했던 경험이 한 번도 없는 사람은 거의 없을 것이라 생각한다. 나 역시 어린 시절 그런 경험이 있다. 초등학생 때까지만 해도 오후 10시 전에 잠자리에 들곤 했는데, 아침 청소 당번 차례가 되어 평소보다 10~20분 일찍 나가야 하는 날이 다가오면 제때 못 일어날까 걱정이 되어 잠을 못 이루기 일쑤였다. 한참을 눈을 감고 뒤척였는데 도무지 잠이 들지 않아 시계를 보면 새벽 1시. 이렇게 안 자다간 아침에 절대 일찍 일어날 수 없을 것 같아서 다시 눈을 억지로 감아보지만, 한참이 지나도 여전히 잠이 들지 않아서 시계를 보면 겨우 2시. 이런 식으로 걱정하며 눈을 감았다 뜨기를 반복하다가 결국 일어나서 부모님 방으로 가곤 했다. 잠이 안 온다고 칭얼거리면 부모님이 달래주셨고, 그제서야 걱정이 덜어져 금세 잠이 들곤 했다. 지금 생각해보면 심리적인 요인의 영향이 굉장히 컸던 것이다.

수면 장애는 스스로 깨닫기가 어려워 방치하게 되는 경우가 많다. 그러다 보면 쉽게 증상이 악화될 수 있다. 편안한 마음을 가지고 규칙적으로 잠을 잘 수 있도록 항상 신경 써서 건강한 삶을 유지해야 하겠다.

잠이 부족한 당신에게 뇌과학을 처방합니다

잠이 안 올 때는 눈만 감고 있어도 될까?

움직이지 않고 가만히 누워 있으면 근육에 피로가 쌓일 일이 없지 않을까? 그럼 눈을 감고 가만히 누워 있기만 해도 휴식을 얻을 수도 있을 것 같다. 하지만 사실은 그렇지 않다.

잠을 자는 것은 뇌 활성에 분명한 변화를 일으킨다. 뇌에서 더 활성화되는 영역이 달라지면 특정 호르몬이 더 분비되거나 덜 분비된다. 또 특정 신경계가 더 활성화되거나 덜 활성화되면서 몸 전체의 생리 상태가 달라진다. 기억의 저장과 같이 자는 동안 일어나는 중요한 신체 반응은 잠든 상태의 뇌가 지시하는 일이다. 깨어 있는 뇌는 같은 일을 하지 않는다. 잠들지 않고 단순히 눈만 감고 있을 때의 뇌는 깨어 있는 상태다. 당연히 피로회복이나 기억의 정리, 저장처럼 잠을 잔 것과 똑같은 효과를 볼 수는 없다.

하지만 일어나서 다른 활동을 하는 것보다는 눈을 감고 가만히 누워 있는 것이 낫겠다. 뇌까지 잠이 들어서 휴식을 취할 수는 없더라도 몸은 쉴 수 있으니까 말이다. 다만 이때 잠이 오지 않는다는 사실에 불안해하거나 몸을 긴장하고 있지 않는 게 중요하다. 또 그렇게 편안하게 누워 있다 보면 5분이라도 잠깐 잠이 들 수도 있을 것이다.

인간은 꿈꾸는 동안만큼은 천재가 된다.

– 구로사와 아키라(영화감독)

Man is a genius when he is dreaming.

- Akira Kurosawa

4

수면 학습

A¦ 오랜만에 친구를 만났는데, 요즘 중국어 공부를 한대.

B¦ 중국어? 멋지다. 학습지나 방문 과외 같은 걸로 공부하나?

A¦ 누가 집에 왔다 갔다 하는 게 번거로워서 혼자 공부한대. 중국 드라마도 보고. 그런데 중학생 때 걔랑 나랑 영어 단어 시험 보면 꼴찌를 다퉜거든. 중국어는 단어 더 많이 외워야 하는 거 아니냐고 물었더니, 걔가 진짜 재미있는 얘기를 해줬어.

B¦ 무슨 얘기?

A¦ 학생 때처럼 시간 내서 단어만 외울 수도 없는 노릇이라 단어나 문장을 녹음한 파일을 자기 전과 아침에 틀어놓는데, 그때 나왔던 단어가 훨씬 더 잘 기억난다는 거야.

B¦ 정말? 자면서 무의식 중에 공부가 되는 건가?

A¦ 기분 탓일 수도 있지만, 꼭 그런 것처럼 기억이 잘 난대. 나도 한번 해볼까 봐.

힘들이지 않고 자면서 무의식 중에 새로운 언어를 배운다니, 정말 솔 깃하다. 일생의 3분의 1이나 차지하는 잠자는 시간 동안 새로운 정보를 학습할 수 있다면 얼마나 효율적이겠는가. 안 그래도 할 일은 너무 많고 잠은 줄지 않는 탓에 괴로워하던 날이 두 손으로 다 꼽을 수 없을 정도이니 말이다(나만 그런 건 아니겠지).

실제로 몸이 잠을 자는 동안에도 뇌는 활동하고 있다는 걸 우리는 이제 안다. 그렇다면 이 시간 동안 뇌를 이용할 수 있는 방법은 없을까?

이 같은 욕망은 나만 가져본 것이 아닌 것 같다. 수면 학습은 사실 오래전부터 많은 사람들의 관심을 받아왔던 주제다. 아쉽게도 대단히 성 공적이어서 오래 지속되거나 널리 퍼진 경우는 아직 보이지 않지만, 실제로 수면 학습을 시도해본 사례는 정말 많이 찾아볼 수 있다. 문학 작품에서도 수면 학습에 대한 이야기를 찾아볼 수 있다.

> "사람들로 하여금 자신들이 피할 수 없는 사회적 숙명을 인정하도록 만드는 것은 무엇보다도 중요한 일이죠." (중략) 한편으론 논리가 없는 단순한 메시지를 끝없이 반복하여 들려주는 수면 학습법을 통해 쓸데없는 생각을 갖지 않도록 무의식을 형성시킨다. 예를 들면 "좋아!" "싫어!" 따위다. 여기에 '왜?'에 대답할 수 있는 논리적 이유 따윈 없다. 아무런 고민이나 의심이 없는 조건반사적 긍정만이 있을 뿐이다.

1931년 올더스 헉슬리가 쓴 소설 『멋진 신세계』의 일부분이다. 이 소설에서는 사람이 태어나는 순간부터 국가에 의해 사회적 계급이 정해진다. 그리고 그 계급에 해당하는 삶을 '행복하게' 살아가도록 끊임없이 세뇌교육을 받는다. 그런데 여기서 세뇌교육을 시키는 방식이 독특하다. 위의 발췌 부분에 나와있듯 "단순한 메시지를 끝없이 반복하여 들려주는 수면 학습법을 통해 무의식을 형성"시킨다는 것이다. 잠을 자는 동안이라도 뇌가 활성 상태이기만 하다면 새로운 정보를 얻고 학습하는 것이 가능하지 않을까? 만약 이게 정말 가능하다면 어떻게 해야 잠을 자는 동안 효율적으로 학습을 할 수 있을까?

자는 것과 배우는 것의 관계

■

수면 학습의 정확한 의미는 무엇일까? 잠들어 있는 동안 새로운 내용을 배우는 것뿐 아니라 깨어 있을 때 배웠던 내용이 잠을 자는 동안 더 공고하게 학습되는 것도 수면 학습이다. 수면 학습은 어떻게 일어날까?

잠과 학습 능력 사이의 관계를 살펴본 연구가 있다. 잠을 자는 것 자체가 학습 능력에 영향을 준다는 연구다. 텔아비브 대학교의 아비 사데(Avi Sadeh) 박사는 10대 학생들을 대상으로 매일 밤 잠드는 시간을 1시간씩 늘리거나 줄이게 한 뒤 간단한 학습 능력 평가를 하고 그 결과를 비교했다. 그랬더니 수면 시간을 늘린 학생의 학습 능력이 현저히 향상되었다. 잠드는 시간을 겨우 1시간 조정했을 뿐인데, 이 정도의 수면 시간 차이로도 학습 능력에 영향을 주는 것이 확인된 것이다.

또 다른 연구 결과는 잠을 자는 동안 새로운 내용에 대한 학습이나 새로운 기억이 형성될 수 있는 가능성을 보여준다. 미국 애리조나 대학교의 연구팀이 15개월 아기들을 대상으로 수행한 연구다. 연구팀은 아무런 의미가 없는 가공의 단어와 몇 가지 단순한 문법 규칙을 만들었다. 그리고 자신들이 정한 규칙과 만든 단어를 사용해서 문장을 만들었다. 규칙을 알지 못하는 성인이 봤을 때는 정말 아무런 의미도 없는 문장이었다.

그다음 한 그룹의 아기들에게는 낮잠을 자기 전에, 또 다른 그룹의 아기들에게는 낮잠에서 깬 직후에 만든 규칙을 따르는 문장을 들려줬다. 아기들은 더 기억에 남고, 따라서 익숙한 문장이 나오는 스피커에 관심

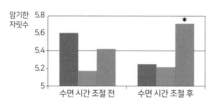

숫자를 몇 자리까지 암기하는지 테스트한 결과

■ 수면 시간을 줄인 경우
■ 평상시처럼 잔 경우
■ 수면 시간을 늘린 경우

＊ 유의미한 차이

화면에 표시가 나타나는 대로 버튼을 누르는
반응 속도를 테스트한 결과

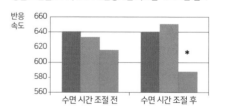

동물 그림을 보여주고 그에 반응하는 속도를 테스트한 결과

수면 시간을 늘린 학생들의 학습 능력이 현저히 향상된 것을 볼 수 있다.

잠이 부족한 당신에게 뇌과학을 처방합니다

을 보일 것이라는 가정을 하고, 아기들에게 만든 규칙을 따르는 문장과 따르지 않는 문장을 두 개의 스피커로 들려주며 반응을 관찰했다. 그랬더니 잠이 들기 전에 문장을 들었던 아기들이 잠에서 깨어난 뒤 처음 문장을 들어본 아기들보다, 만들어낸 규칙을 따르는 문장이 나오는 스피커 쪽에 더 큰 관심을 보였다. 잠을 자는 과정이 어떤 새로운 자극을 학습하거나 기억해내는 데 영향을 줄 것이라는 걸 암시하는 결과다.

두 연구 결과 모두 잠을 자는 것 자체가 기억 강화나 학습에 영향을 주는 것 같다는 생각에 힘을 실어준다. 하지만 이 연구 결과로는 정확히 잠을 자는 동안 일어나는 어떤 일이 기억이나 학습에 영향을 주는 것인지를 알 수 없다. 또 잠의 단계 중 특히 어느 단계가 학습에 중요할지도 아직 모르겠다.

이 궁금증을 해결할 수 있는 연구 결과가 있다(정말 과학자들은 하지 않은 게 없는 것인가). 독일의 연구진이 두피를 통해 전류를 흘려서 뇌를 자극하는 방법인 '경두개 직류 자극법'을 활용하여 서파수면 단계의 뇌파를 인위적으로 만들어낸 적이 있다. 매우 느린 파장을 가지는 이 뇌파는 수많은 신경세포 집단이 한꺼번에 활성화되면서 그들이 만들어낸 신호가 겹쳐진 결과 나타나는 것이라고 알려져 있다.

먼저 연구진은 실험에 참가한 사람에게 특정 단어 2개의 조합을 학습시켰다. 학습 과정을 마친 뒤 실험 참가자들은 낮잠을 잤는데, 이때 참가자 일부는 그냥 잠을 자도록 내버려두고, 일부에게는 경두개 직류 자극법을 써서 서파수면의 뇌파를 유도했다. 그랬더니 낮잠을 자는 동안 서파수면 단계의 뇌파가 발생하도록 유도받은 실험 참가자들이 낮

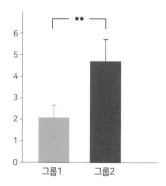

기억해낸
단어의 수

자극을 받지 않은 그룹
경두개 직류 자극법으로 서파수면을 유도받은 그룹

**

그룹1   그룹2

경두개 직류 자극법으로 서파수면을 유도받은 그룹이 단어를 더 잘 기억해냈다.

잠을 자기 전 학습했던 내용(단어들의 조합)을 더 잘 기억해냈다. 다른 잠의 단계에 나타나는 뇌파를 유도하면서 결과를 비교해보지 않았기에 단정지어 말해서는 안되겠지만 서파수면 단계가 학습과 기억에 중요한 역할을 할 것이라는 가능성을 높여준 연구 결과다.

냄새와 소리를 이용한 수면 학습

잠을 자는 동안 특정 기억을 떠올리게 하는, 그 기억과 연관된 자극이 주어진다면 어떤 일이 일어날까? 그 자극이 일종의 도우미로 작용하면서 특정 기억이 더 쉽게 반복적으로 재생된다. 이러한 도우미 역할의 자극으로 가장 효과를 발휘해온 것이 바로 냄새, 후각 자극이다.

후각 자극을 도우미로 활용하여 수면 학습을 유도해본 연구를 살펴

잠이 부족한 당신에게 뇌과학을 처방합니다

보자. 이 연구에서 참가자들은 카드 쌍 맞추기 게임을 하면서 장미향을 맡았다. 게임을 끝낸 뒤 참가자들은 두 그룹으로 나뉘어 한 그룹은 깨어 있는 동안, 한 그룹은 잠을 자는 동안 장미향을 다시 맡았다.

다음 날 같은 게임을 하자 자는 동안 장미향을 맡았던 그룹의 결과가 더 좋았다. 게임이 끝난 뒤 장미향을 다시 맡으면서, 장미향과 연관된 기억인 카드 쌍 맞추기를 했던 기억이 되살아나고 강화되었을 것이

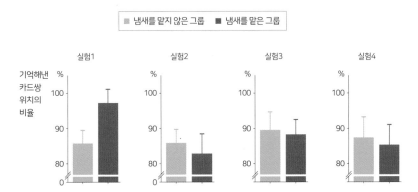

	학습	수면	깨어난 뒤 게임 재수행
실험1	냄새 O	서파수면	냄새 X
실험2	냄새 X	서파수면	냄새 X
실험3	냄새 O	렘수면	냄새 X
실험4	냄새 O	냄새 O	냄새 X

실험1) 학습할 때 냄새를 맡고, 서파수면 때 같은 냄새를 또 맡게 한다.
실험2) 학습 때 냄새를 맡지 않고(냄새와 카드쌍 게임 사이에 연관성이 생기지 않음),
　　　 서파수면을 하는 동안 냄새를 맡게 한다.
실험3) 학습할 때 냄새를 맡고, 렘수면 때 같은 냄새를 또 맡게 한다.
실험4) 학습할 때 냄새를 맡고, 잠들기 전에 같은 냄새를 또 맡은 뒤, 잠에 든다.

■ 냄새를 맡지 않은 그룹　■ 냄새를 맡은 그룹

실험1　　　실험2　　　실험3　　　실험4

기억해낸 카드쌍 위치의 비율

냄새와 카드 쌍 맞추기 게임을 연관 짓게 한 실험. 서파수면 동안 냄새를 맡은 그룹의 결과가 가장 좋게 나왔다.

잠을 잘 때
소리를 들려주자
반사적으로 코를
킁킁거린 정도

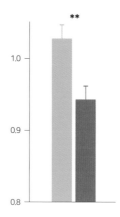

잠을 자는 동안 좋은 냄새와 나쁜 냄새를 풍겨준 뒤, 각각의 냄새가 날 때 다른 소리를 들려주었다.

잠에서 깬 뒤
자는 동안 냄새와 함께
들려줬던 소리를
다시 들려주자 코를
킁킁거린 정도

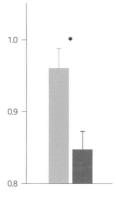

깨어난 후에도 아무 냄새도 나지 않는데, 소리를 듣는 것만으로 코를 킁킁대는 정도가 달라졌고, 특히 좋은 냄새와 연관된 소리를 들려줄 때 코를 킁킁거리는 행동이 더 많이 관찰됐다.

다. 실제로 게임 참가자들이 장미향을 다시 맡는 동안 기억에 중요한 역할을 하는 뇌 영역인 해마의 활성도가 높아졌다. 이때, 깨어 있을 때 향을 맡았던 사람들과 잠들어 있을 때 향을 맡았던 사람 모두에게서 장미향을 다시 맡을 때 해마의 활성도가 높아졌는데, 놀랍게도 깨어 있을 때 장미향을 맡았던 사람들보다 잠을 자는 동안 장미향을 맡았던 사람들의 경우 해마 활성도가 훨씬 더 강하게 높아진 것이다.

　소리, 즉 청각 자극 역시 특정 기억을 강화시키는 데 있어 도우미로 사용하는 것이 가능하다. 냄새와 소리를 함께 활용하여 학습, 기억과 잠의 관계를 살펴본 연구 결과가 있다. 연구진은 좋은 냄새와 불쾌한 냄새를 맡을 때 코를 킁킁거리는 무의식적인 움직임을 살펴봤다. 이때 실험 참가자들에게 좋은 냄새와 나쁜 냄새를 맡을 때 다른 소리를 들려줌으로써 소리와 냄새를 연관 짓도록 유도했다. 그리고 실험 참가자들이 자는 동안 이 소리를 들려줬다. 잠든 실험 참가자들은 좋은 냄새와 연관된 소리가 들리자 코를 더 많이 킁킁거리기 시작했다. 반대로 불쾌한 냄새와 연관된 소리를 들려주자 킁킁거리는 횟수가 줄어들었다. 더 재미있는 현상은, 이들이 다음 날 깨어났을 때 소리를 들려주자 같은 반응을 보인 것이다. 하지만 왜 코를 킁킁거리는지 묻자 기억이 없다고 대답했다. 잠을 자는 동안 특정 소리와 냄새의 관계에 대해 학습한 내용이 더욱 강화된 결과라고 볼 수 있다. 무의식적으로 잠을 자는 동안 학습이 이루어지는 게 가능하다는 것을 확인한 연구다.

이와 다소 비슷한데, 사람들에게 어떤 물체의 위치를 소리와 짝지어 기억하도록 학습을 시킨 뒤 잠을 자는 동안 그 소리를 다시 들려주었더니 다음 날 물체의 위치를 훨씬 더 잘 기억해냈다는 연구 결과도 있다.

수면 학습과 작동 기억

■

수면 학습의 효과는 단순히 어떤 사실에 대한 기억을 강화하는 것에 그치지 않는다. 운동능력이나 악기 연주와 같은 작동 기억에도 영향을

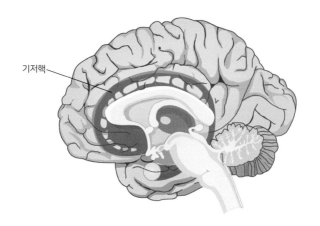

기저핵

미친다. 작동 기억은 앞서 말한 대로 의식적 생각을 동반하지 않으며 흔히 '몸이 기억한다'라고 표현하는, 일종의 습관과 같은 기억이다. 뇌에서도 기억에 중요한 역할을 한다고 알려진 영역인 해마가 아니라 감정과 관련된 역할을 하는 기저핵이라는 영역의 활동과 더 관련이 있다.

스탠퍼드 대학교의 수면 연구가 체리 마(Cheri Mah)는 운동 선수들을 대상으로 10시간 동안 잠을 자게 한 뒤 그들의 운동 기록을 추적 관찰했다. 그 결과 수영 선수의 방향 전환 시간과 발차기 주기, 테니스 선수의 서브 정확도, 농구 선수의 자유투 슈팅 성공률이 모두 향상되었다. 잠을 자는 것이 작동 기억을 향상시킬 수 있다는 걸 보여주는 결과다.

	수면 시간을 늘리기 전	수면 시간을 10시간으로 늘린 뒤
자유투 10회 중 성공 횟수	7.9 ± 0.99	8.8 ± 0.97
3점슛 15회 중 성공 횟수	10.2 ± 2.14	11.6 ± 1.50

잠자는 시간이 늘어난 농구선수들의 슈팅 성공 횟수가 증가했다. 이 차이는 통계적으로도 의미 있게 나타났다.

잠이 부족한 당신에게 뇌과학을 처방합니다

노스웨스턴 대학교의 연구진은 '기타 히어로'라는 기타 연주 리듬 게임에 수면 학습이 영향을 미치는지 살펴봄으로써 작동 기억에 대한 수면 학습 효과를 확인했다. 실험 참가자는 두 그룹으로 나뉘어서 한 그룹에서는 잠들기 전, 다른 그룹에서는 잠든 뒤 특히 서파수면 동

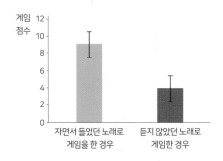

자는 동안 들었던 음악으로 게임을 하자 훨씬 높은 점수가 나왔다.

안 게임에 나오는 음악을 들었다. 다음 날 두 그룹의 참가자에게 다시 기타히어로 게임을 하게 했더니 서파수면 단계를 거치는 동안 게임 음악을 들었던 참가자가 게임을 더 잘했다. 특정 사건에 대한 기억뿐 아니라 무의식을 동반하는 작동 기억도 수면 학습의 효과로 더 강화될 수 있음을 확인한 연구 결과다.

수면 학습으로 잠재 의식도 바꾼다

■

『멋진 신세계』에 나오는 것처럼 무의식적인 생각, 잠재 의식에도 수면 학습이 영향을 줄 수 있다. 1924년 심리학자 로렌스 레샨(Lawrence LeShan)은 뉴욕에서 열린 한 청소년 캠프에서 손톱을 물어뜯는 아이들을 두 그룹으로 나눈 뒤 한 그룹에게 자는 동안 "내 손톱은 끔찍할 정도로 맛이 쓰다."는 구절을 300번씩 들려줬다. 처음에는 축음기를 틀어주

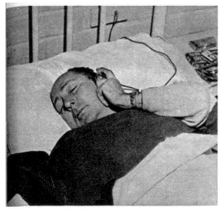

PRISON THERAPY innovator John Locke, far left, shows how the sleep earphone works. Center, Locke's assistants, Robert Lally, Edgar Price, explain system to Sherman Crowder (white shirt), superintendent of the Industrial Road Camps, Tulare, Calif. Earphone for sleepers is being demonstrated, at left.

MEMORY TRAINER, below, is tape recorder with playback device. You record material, set clock to repeat it while you sleep. Linguaphone of New York City sells machine. It comes with mike, under-pillow speaker, tape cartridge. Price is $199.50.

투라레 카운티의 교도소에서 국선변호인 존 로케(John Locke)가 재소자들이 자는 동안 방송을 듣게 하려고 설치한 이어폰을 테스트하고 있다.

다가 2주째에 축음기가 망가지자 매일 밤 직접 아이들의 숙소로 몰래 들어가 300번씩 이 구절을 반복하고 나왔다는 이야기도 전해진다. 믿거나 말거나이지만 열정이 엄청났던 것 같다. 약 두 달의 캠프가 끝난 뒤 아이들의 손톱 상태를 확인했더니 수면 학습을 받은 아이들의 40%가 손톱을 물어뜯는 습관을 고친 반면, 학습을 받지 않은 아이들 중에서는 한 명도 습관을 고치지 못했다.

또 1950년대에는 캘리포니아 투라레 카운티의 군수가 교도소 재소자들의 베개 아래 스피커를 설치하여 잠을 자는 동안 '당신은 정신적으로, 영적으로 성장하게 될 것입니다.', '당신은 술 없이 지내게 될 것입니다.'라는 구절을 반복하여 듣게 한 예가 있다. 이 조치를 취한 뒤 사회로 복귀한 재소자의 수가 50% 증가했다고 한다. 당시 한 신문의 보도에 따르면 한 재소자가 "이제는 술 마시는 것을 생각만 해도 병이 든 것 같다.

잠이 부족한 당신에게 뇌과학을 처방합니다

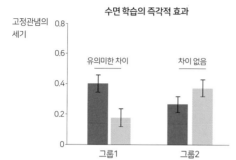
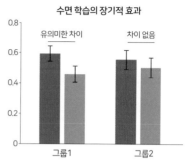

| ■ 잠을 자기 전 검사 결과 | ■ 고정관념을 완화하는 학습을 하기 전 |
| □ 잠을 자고 난 뒤의 검사 결과 | ■ 학습을 한 지 1주일 뒤 |

수면 학습의 즉각적 효과

고정관념의 세기

수면 학습의 장기적 효과

그룹1: 수면 학습을 한 경우(고정관념을 완화시키는 학습을 할 때 들려준 도우미 소리를 자는 동안 틀어준 경우)
그룹2: 수면 학습 없이 낮잠만 잔 경우

고정관념의 정도를 측정하는 검사인 IAT의 결과. 수면 학습을 한 경우 학습 효과가 강화되었지만 그렇지 않은 경우 학습 효과가 전혀 없었다. 또한 수면 학습을 한 경우 그 학습 효과가 일주일 후까지 유지되었다. 수면 학습을 한 그룹1의 경우를 보면 1주일이 지난 뒤(초록색)에도 고정관념 수준이 약함을 볼 수 있다.

맑은 정신으로 잠자리에 들게 되었다."고 말했다고도 한다.

　무의식적인 고정관념의 세기를 수면 학습으로 변화시킬 수 있는지를 살펴본 연구도 있다. 이 연구에서는 무의식적인 고정관념의 정도를 측정하는 검사인 IAT(Implicit Association Test)를 이용해서 수면 학습으로 실험 참가자들의 잠재 의식 변화가 얼마나 일어날 수 있는지를 살펴봤다. 실험에 들어가기 전 IAT를 통해 '여성'이라는 개념과 '수학을 못함', '그림을 잘 그림'이라는 평가, '흑인'이라는 개념과 부정적인 평가들을 무의식적으로 강하게 연관 짓고 있는 사람들만을 골라냈다. 이들은 고정관념을 완화시키는 일련의 학습을 받은 뒤 다시 IAT를 하여 무의식적

고정관념이 어떻게 변화했는지 확인받았다.

고정관념을 완화시키는 학습을 받는 동안 실험 참가자들은 나중에 기억을 다시 불러일으키는 데 도우미로 사용될 수 있도록 특정한 소리를 들었다. 학습이 끝난 뒤 실험 참가자들은 90분 동안 낮잠을 잤고, 일부 참가자들에게는 서파수면 동안 학습을 할 때 함께 들려줬던 도우미 소리를 틀어주었다. 자는 동안 학습 내용이 무의식적으로 뇌에서 반복되게 유도한 것이다.

낮잠 시간이 끝난 뒤 IAT를 다시 하자, 서파수면 동안 도우미 소리를 다시 들었던 참가자들, 즉 수면 학습을 받은 사람들이 그렇지 않은 경우에 비해 고정관념이 훨씬 더 많이 완화되었다. 무엇보다 놀라운 점은 이 연구에서 고정관념이 완화된 효과는 일주일 이상 지속되었다는 것이다. 수면 학습의 효과가 일시적인 것이 아니라는 것까지 보여진 것이다.

수면 학습 효과를 잘 이용하려면?

수많은 연구 결과가 분명히 잠을 자는 동안 새로운 사실을 학습하고, 기존에 배웠던 내용에 대한 기억을 강화하는 것이 가능하다고 말하고 있다. 그렇다면 그 효율을 극대화시킬 수 있는 방법은 무엇일까?

잠의 단계 중 특히 서파수면이 기억력 강화와 학습에 중요한 역할을 하므로 자는 동안 서파수면을 충분히 취할 수 있다면 수면 학습 효과가 높아질 것이다. 안타깝게도 이를 위해서 일부러 뇌에 전기 자극을 받을 수는 없으니 제때 잠을 자는 습관을 들이는 수밖에 없다. 하지만 한 가지 위안이 될지도 모를 사실이 있다. 깊은 잠에 빠져들기 위해 꼭 밤에, 오랜 시간 동안 잠을 잘 필요는 없다는 것이다. 실제 앞서 소개했던 다양한 연구들에서 실험 참가자들은 1~2시간 정도의 낮잠을 잔 경우가 많았다. 이처럼 낮에 잠깐 눈을 붙이기 전, 또는 정말 밤에 잠자리에 들기 직전에 그날 배웠던 것(특히 기억하고 싶은 것!)을 한 번 더 떠올린다면 자는 동안 그 기억이 반복되면서 수면 학습 효과를 볼 가능성이 있지 않을까.

수면 학습 시 주의할 점

■

하나 주의할 점이 있는데, 바로 여러 기억들 간에 일어나는 방해 공작이다. 방해 공작 때문에 강화시키고자 하는 기억이 이미 너무 흐릿해졌다면 자기 전에 아무리 그 생각을 하더라도 수면 학습 효과를 보기 어려울 수 있다. 우리가 하루 동안 경험하고 배우는 것은 양적으로도 질적으로도 매우 다양하고 복잡하다. 따라서 잠을 자는 동안 뇌는 저장된 정보 중 불러오기 더 편리한, 좀 더 강력한 기억을 더 많이 되풀이하게 된다. 만약 잠을 자는 동안 반복되길 원하는 기억이 있는데, 그보다 더 강력한 기억이 머릿속에 존재한다면 더 강한 기억이 보다 약한 기억이 반복되는 것을 방해할 것이다. 최악의 경우 원하는 기억이 단순히 적게 반복되는 정도가 아니라 더 강력한 기억의 영향을 받아 왜곡될 수도 있다.

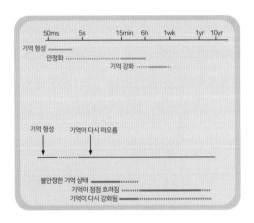

기억이 처음 만들어졌을 때는 15분 정도가 지나서부터 약 5~6시간째까지 안정화가 일어나며 6시간 이후 기억의 강화 작용이 일어난다. 오래된 기억이 다시 떠오른 경우 그 기억이 떠오르고 처음 4시간 정도까지는 기억이 불안정한 상태다. 이후 4~5시간째에 기억이 다시 강화되는데, 이 시기에 외부의 자극 등으로 기억이 왜곡되거나 재강화 과정이 방해를 받으면 이 기억은 상태가 매우 나빠진다. 또 다시 떠오른 뒤 6시간 이후부터는 다시 기억이 점점 흐려진다.

기억들 간의 방해 공작은 두 가지 이상을 새롭게 학습한 경우 더욱 주의해야 한다. 잠들기 직전, 즉 나중에 배운 것의 기억이 더 생생하기 때문에 먼저 배운 것의 기억이 강화되는 것을 막기 쉽다. 두 가지 새로운 학습을 한 경우 학습 사이의 간격이 4시간 이상이 되게 하거나 두 학습 사이에 길게 낮잠을 자면 이 같은 방해 공작이 일어나는 걸 어느 정도 막을 수 있다고 한다.

수면 학습, 미래의 학습법이 될 수 있을까?

■

베개 밑에 책을 넣고 자거나 자는 동안 배웠던 것을 재생하는 테이프

잠이 부족한 당신에게 뇌과학을 처방합니다

를 틀어놓으면 장기간에 걸쳐 그 정보를 유지하는 데 도움이 된다는 말을 들어봤을지 모르겠다. 이런 생각은 수 년간 과학자들 집단에서 말도 안 되는 낭설로 여겨졌다. 여러 가지 실험이 수행되고 수면 학습의 가능성을 보여주는 결과도 많이 나오고 있지만, 여전히 그 연구 결과들이 가리키는 하나의 결론이 무엇이라고 말하기에는 연구의 수도 부족하고 일관성도 부족하다. 하지만 잠을 자는 동안 기억이 반복되는 과정에 대한 기본적인 이해가 증가함에 따라, 과거의 태도처럼 수면 학습이 말도 안 되는 낭설이라고만 여겨지진 않고 있다. 10여 년 전에 유행했던 '엠씨스퀘어'처럼 수면 학습을 이용하는 도구나 수면 학습 전용 방송 채널이 조만간 등장할 수도 있지 않을까.

이런 거
궁금하지
않나요?

매트릭스, 실제로 가능할까?

다양한 수면 학습 방법과 수면 학습의 결과를 확인한 연구들을 살펴봤다. 이 연구에서 실험 참가자들에게 수면 학습을 시키는 방식과 과정, 결과를 살펴보면서 학습한다는 것의 의미가 헷갈린다는 생각이 들진 않았는지 모르겠다. 사실 지금까지 살펴본 수면 학습의 예시에는 크게 두 가지 종류의 학습 형태가 뒤섞여 있다.

첫 번째는 말 그대로 '자면서 공부하는 것', 즉 새로운 내용을 학습하는 것이다. 잠들어 있는 동안 외부에서 들려오는 소리나 어떤 자극을 뇌가 받아들이고 그 내용을 학습하고 기억하게 되는 경우다. 재소자들의 베개 밑에 스피커를 설치해놓은 경우나 손톱을 물어뜯는 어린아이들의 행동을 교정한 경우가 여기에 해당한다.

두 번째는 자는 동안 새로운 내용을 학습하는 것이 아니라 기존에 경험하고 학습한 내용에 대한 기억이 강화되는 경우다. '학습'이라는 것의 의미는 새로운 정보를 받아들이고 그것을 장기적인 기억으로 저장하는 과정을 모두 포함하기 때문에 기억을 강화하는 것 역시 학습이라고 볼 수 있다. 첫 번째는 온전히 잠을 자는 동안 새로운 것을 학습하는 것이고, 두 번째는 이미 학습한 것을 강화시키는 것으로 두 경우 사이에는 분명한 차이가 있다.

영화 〈매트릭스〉에서는 주인공이 특수한 기기를 몸에 연결한 뒤 잠에 빠져들면 꿈속에서 새로운 내용을 학습한다. 마치 게임을 하는 것처럼 꿈이라는 가상 현실 속에서 완전히 처음 접하는 정보들을 학습하는데, 몸을 움직이는 작동 기억까지 습득한다. 현실 세계에서 영화 〈매트릭스〉처럼 꿈을 통해 몸의 움직임까지 훈련하는 것은 쉽지 않아 보인다. 지금까지 살펴본 내용 중에도 수면 학습이 작동 기억에 영향을 준다는 연구 결과는 있었다. 하지만 〈매트릭스〉에서와 같이 새로운 작동 기억을 수면 학습만으로 만들어낸 경우는 없었다. 안타깝게도 지금 뇌에 대한 이해 수준, 특히 잠과 학습 또는 기억에 대해 알려진 정보와 뇌를 조절할 수 있는 기술 수준으로는 〈매트릭스〉와 같은 수준의 수면 학습은 불가능한 것으로 보인다.

잠이 부족한 당신에게 뇌과학을 처방합니다

소설 『멋진 신세계』에 나오는 것과 같은 학습은 어느 정도까지 가능할 것 같다. 소설에서처럼 엄청나게 강한 수준의 고정관념이나 신념을 심어주기는 여전히 어려울 듯하지만, 새로운 내용을 뇌에 입력시키고 또 특정 기억을 매우 강하게 만들어주는 것은 충분히 가능하다는 것이 이미 검증되었다.

어떻게 하면 영화 〈매트릭스〉에서처럼 드러누워서 잠을 자며 테니스도 배우고 피아노도 배울 수 있을까? 먼 미래에는 실제로 가능한 일이긴 한 걸까? 물론이다. 먼저 뇌에서 학습이 일어나는 과정, 기억이 만들어지고 강화되는 과정에 대해 완벽한 이해가 필요하다. 또 뇌에 인위적으로 자극을 주어 저장된 정보, 즉 기억을 미세하게 조절할 수 있는 기술도 발달해야 한다. 이 모든 게 완성되면 단순히 뇌에 자극을 가하는 것만으로 작동 기억을 만들거나 수정하는 것도 가능해질 것이다.

그 누구도 꿈을 꾸는 것을
지겨워하지 않는다. 꿈은 잊기 위해 꾸는 것이며
망각은 우리 자신에게 어떤 부담도 주지 않기 때문이다.
꿈속에서 나는 모든 걸 이뤄냈다.
– 페르난두 페소아(시인)

No one tires of dreaming, because to dream is to forget,

and forgetting does not weigh on us.

In dreams I have achieved everything.

- Fernando Pessoa

5

꿈과 잠

A ｜ 오늘 토요일 맞지? 복권 추첨 방송 보자.

B ｜ 복권 샀어?

A ｜ 응! 나 어제 엄청 좋은 꿈을 꿨거든.

B ｜ 그래? 당첨되면 좋겠다. 무슨 꿈인지 물어봐도 돼?

A ｜ 당연히 안 되지. 결과 보고 나서 말해줄게. 원래 좋은 꿈은 돈 받고 파는 거라고 하잖아.

B ｜ 그렇지. 갑자기 떠올랐는데, 만약에 진짜 운수 좋은 꿈을 꿨는데 자고 일어나서 잊어버리면 어떻게 될까? 꿈꾼 거 대부분 잊어버리잖아. 아침에 눈 뜨자마자 생각나더라도 금세 기억 잘 안 나고.

A ｜ 그러게, 한 번도 생각 안 해봤네. 아마 운수가 대통할 정도로 강렬하고 대단히 좋은 꿈이니까 기억나는 거겠지? 어제 내 꿈처럼? 앗, 뭐야. 꽝이네?

B ｜ 하하하, 꼭 운수대통 할 꿈이니까 기억나는 것만은 아닌가 보다.

어젯밤 잠을 자면서 꾼 꿈을 혹시 기억하는가? 꿈을 꿨다는 사실 자체는 기억하더라도 꿈의 내용까지 전부 생생하게 말하기는 어려울 것이다. 어떻게 눈을 감고 잠을 자고 있는데 눈앞에 영상이 보이고 소리가 들리는 것일까?

잠이 든다고 완전히 의식을 잃어버리는 것이 아니다. 자는 동안 우리는 '꿈'을 꾼다. 마치 뇌가 영화를 찍는 것 같다. 그런데 매일 아침 일어났을 때 전날 밤 어떤 꿈을 꿨는지 기억하기는 어렵다. 설사 꿈을 꿨던 것이 명확히 기억나더라도 기억나는 그 순간에 다른 사람에게 얘기하거나 기록하지 않으면 금세 잊어버리기 쉽다. 꿈은 대체 무엇일까? 꿈은 왜 꾸는 것이며 왜 어떤 꿈은 기억나고 어떤 꿈은 기억나지 않는 걸까?

꿈은 언제 꾸는 걸까?

■

보통 잠이 든 뒤 90분이 지나면 첫 번째 꿈을 꾼다고 한다. 그렇게 매일 밤 꾸는 꿈의 개수는 평균 5개 정도다.

잠의 단계 중 꿈을 꾸는 때는 렘수면 단계라고 알려져 있다. 하지만 이는 다만 우리가 기억할 수 있는 경우가 렘수면 단계에서 꾼 꿈뿐이라서 그렇게 알려진 것일 수 있다. 사실은 잠을 자는 내내 계속해서 꿈을 꾼다고 주장하는 학자들도 있다. 이는 꿈을 어떻게 정의하느냐에 달려 있다. 의식은 없지만 뇌에서 각성 상태 동안 받아들였던 정보를 처리하

잠이 부족한 당신에게 뇌과학을 처방합니다

는 과정을 꿈이라고 할 수도 있고, 잠든 상태에서 영상이나 소리 같은 자극을 느끼는 과정을 꿈이라고 할 수도 있다. 두 가지 정의에 따라 꿈을 언제 꾸는지, 어떤 것이 꿈인지가 달라진다. 이 둘 중 무엇이 맞다고 말하기는 힘들다. 다만 꿈에 대한 측정이 렘수면 상태에서 꾼 꿈에 대해서만 가능하기 때문에 렘수면 상태가 아닐 때 뇌에서 정보가 처리되는 과정을 굳이 꿈이라고 불러야 할지, 그것이 어떤 의미를 가질 수 있을지는 모르겠다. 꿈에 대한 분석과 연구 역시 렘수면 상태에서 꾸는 꿈에 대해서만 이뤄질 수밖에 없고 말이다.

꿈을 꾸는 동안 뇌에서는 무슨 일이 일어날까?

■

이에 대해선 몇 가지 가설이 있다. 그중 하나가 꿈을 꾸는 동안 기억이 정리된다는 것이다. 이 가설에 따르면 하루가 끝난 뒤 그날의 기억을 정리하기 위해 일기를 쓰는 것처럼, 뇌는 하루 동안 겪었던 경험을 정리하면서 꿈을 꾸게 한다. 정신분석학의 아버지라고 불리는 지그문트 프로이트(Sigmund Freud)도 경험한 것이 기억으로 옮겨가는 과정이 바로 꿈이라고 얘기했다. 그는 하루의 잔상(Day-residue)이 곧 꿈이 된다고 했다.

그동안 관찰한 바에 의하면 어떤 새로운 경험을 한 바로 그날, 꿈에서 그 경험을 생생하게 볼 가능성이 가장 높다. 그리고 4~5일이 지나면 꿈에서 그 경험을 다시 보는 경우가 거의 없어진다. 하지만 다시 7일째

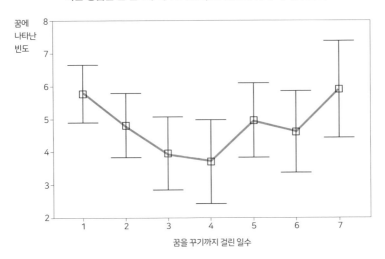

· 어떤 경험을 한 날로부터 7일 동안, 그 경험이 꿈에 나타난 빈도 ·

꿈에
나타난
빈도

꿈을 꾸기까지 걸린 일수

수면 시차 효과를 보여주는 그래프. 꿈에서 경험을 다시 보는 정도가 4일째에 최저치를 기록했다가 다시 증가하는 것을 확인할 수 있다.

부터는 꿈에서 그 경험이 점점 더 많이 보이게 된다. 이처럼 꿈에서 어떤 경험이 등장하는 빈도가 시간이 지남에 따라 줄어들었다가 다시 늘어나는 현상을 '수면 시차 효과(Dream Lag Effect)'라고 한다. 경험한 것이 장기 기억으로 저장되는 과정 동안에는 뇌가 접근하기 어렵지만, 장기 기억으로 확실하게 저장된 뒤에는 다시 쉽게 접근할 수 있기 때문에 일어나는 현상이다.

잠이 부족한 당신에게 뇌과학을 처방합니다

악몽은 왜 더 잘 기억날까?

■

어떤 꿈은 아주 생생하게 기억나지만 어떤 꿈은 내용이 전혀 기억나지 않기도 한다. 사실 꿈을 꾸지 않고 잠을 잤다고 생각해도 정말 꿈을 꾸지 않은 것인지 꾼 꿈을 기억하지 못하는 것인지는 아무도 확인할 수 없다. 같은 렘수면 상태에서 꿈을 꾸는 것인데 기억나는 정도에 차이가 나는 이유는 무엇일까?

잠이 들면 뇌에서 감각을 느끼거나 몸을 움직이는 역할을 하는 '신피질'과 기억을 저장하는 '해마' 사이의 연결, 즉 둘 사이에 주고받는 신호의 양이나 세기가 약해진다. 꿈을 꾸는 동안에는 두 영역이 모두 활성화되는데, 둘 사이의 연결은 이미 약해져 있어 교류가 거의 이뤄지지 않는다. 결국 꿈의 내용이 기억으로 거의 저장되지 않는 것이다. 다만 두 영역이 완전히 끊어진 것은 아니라서 매우 강한 자극, 특히 감정과 관련된 기억이 활성화되는 경우 그 내용은 기억으로 남을 가능성이 있다. 악몽의 경우 그 내용이 강렬하거나 기괴한 경우가 많다. 따라서 평범한 꿈을 꿀 때에 비해 신피질에서 해마로 보내지는 신호가 훨씬 강하므로 기억에 더 생생하게 남는 것이다.

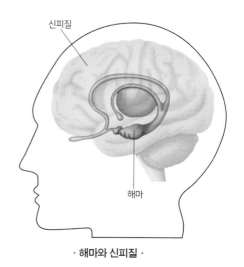

신피질

해마

· 해마와 신피질 ·

꿈의 해석

■

고대 메소포타미아인들은 잠이 들면 몸에서 영혼이 분리되어 나간다고 믿었다. 그리고 분리된 영혼이 세상을 바라보는 것이 바로 꿈이라고 생각했다. 또 바빌로니아인들은 좋은 꿈은 신이 준 선물이고 악몽은 악마가 가져다주는 것이라고 생각했다.

이와 같은 미신적인 생각에서 벗어나 꿈을 과학적으로 분석한 최초의 인물이 바로 프로이트다. 그는 저서 『꿈의 해석』에서 '억눌린 욕망이 표출된 것이 꿈'이라고 주장했다. 그는 다양한 사례를 들어 꿈의 의미를 해석하는데, 대부분 폭력성과 성적 욕망의 표출로 나타난다. 당시에는 그의 이론이 거의 그대로 받아들여졌지만 이후 꿈과 잠에 대한 관심이 높아지고 많은 연구가 수행되면서 그의 주장을 반박하는 사람들도 늘어났다.

꿈의 기능

■

꿈은 긍정적인 감정보다 부정적인 감정을 동반하는 경우가 많다. 꿈에서 일어나는 사건 자체는 일상과 비슷하지만, 느껴지는 정서는 80%가 부정적이라는 게 특징이다. 그럼 꿈을 많이 꾸면 정서적으로 불안정해질까? 그렇지는 않다.

꿈을 통해서 부정적인 사건을 반복적으로 접할수록 그 사건이 정서적

잠이 부족한 당신에게 뇌과학을 처방합니다

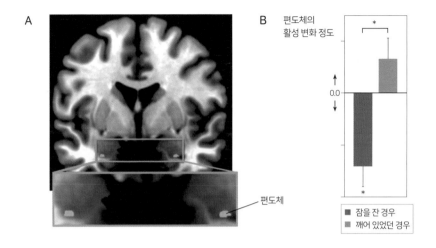

두 그룹의 피험자에게 폭력적이거나 위협을 느낄 만한 그림 150장을 보여준 뒤, 한 그룹은 렘수면을 거치며 잠을 자게 하고 다른 그룹은 깨어 있게 했다. 잠을 자거나 깨어 있기 전과 후에 편도체의 활성 정도를 비교해보았더니 렘수면을 거치며 잠을 잤던 그룹의 경우 그 정도가 확연히 줄어들었다. 렘수면을 거치면서 부정적인 감정이 완화되었다고 볼 수 있다.

으로 미치는 영향력이 오히려 점점 약해진다는 연구 결과가 있다. 이 연구 결과에 따르면 같은 내용의 꿈을 계속 꿀수록 그 꿈에서 느껴지던 고통이 점점 줄어들었다.

꿈을 왜 꾸는가에 대한 가설 중 하나로 '위협 시연 가설(Threat Simulation Theory)'이 있다. 이 가설은 꿈속에서 위험한 상황을 미리 경험해봄으로써 실제 상황에서 위험이 닥쳤을 때 좀 더 잘 대처할 수 있다고 주장한다. 매우 원시적인 환경에서 살던 초기 인류의 경우 이 같은 위협 시연 가설이 잘 적용되었을 수 있다. 꿈에서 사냥을 하고 위험한 동물과 맞닥뜨리는 상황을 많이 겪어봤다면, 실제로 사냥을 하다가 맹수를 만났을 때 조금 덜 놀랄 수 있을 것이다.

영화 〈매트릭스〉에서는 주인공들이 꿈을 꾸는 동안 뇌세포에 가상현실을 입력하고, 그렇게 미리 경험해본 상황이 실제로 닥치면 놀라지 않고 연습한 대로 대처한다. 꿈을 통해 특정 상황에 여러 번 노출시킴으로써 뇌가 그 상황에 익숙해지고, 또 그 상황을 대비하게 만들 수 있을 것이라는 위협 시연 가설이 통하는 부분이다.

하지만 꿈이 고통을 완화시킨다거나 스트레스에 더 잘 견딜 수 있게 한다는 직접적인 증거는 그리 많지 않다. 전쟁 등 트라우마가 생길 수 있는 경험을 많이 겪은 사람의 경우 꿈에서도 폭력적이고 위험한 상황을 더 많이 겪는다는 것이 알려져 있는데, 이런 꿈을 많이 꾸고 나서 스트레스가 완화되었다는 보고는 찾기 어렵다.

위대한 꿈

■

꿈에서는 현실에서 보는 것과 다른 세상을 본다. 말도 안 되는 장면이나 이야기가 이어지는 꿈을 '개꿈'이라고 부르기도 한다. 하지만 항상 비논리적이고 조각조각 나뉜 꿈만 있는 것은 아니다. 꿈은 소설가나 음악가, 과학자까지 많은 사람들의 위대한 업적을 완성시킨 원천이 되기도 했다. 가장 잘 알려진 예시가 '케쿨레의 꿈'이다. 독일의 화학자 케쿨레(Friedrich August Kekulé von Stradonitz)는 꿈에서 자신의 꼬리를 물고 있는 뱀의 모습을 보고 벤젠고리 모양의 분자 구조를 밝혀냈다. 또

잠이 부족한 당신에게 뇌과학을 처방합니다

러시아의 화학자 멘델레예프(Dmitri Ivanovich Mendeleev)도 꿈에서 본 악보에서 영감을 받아 주기율표를 만들었다. 그 외에도 샬럿 브론테의 『제인 에어』, 스테프니 메이어의 『트와일라잇』 시리즈를 비롯해 비틀즈의 폴 매카트니가 쓴 '예스터데이' 역시 꿈에서 본 이야기를 바탕으로 쓰인 작품이라고 전해진다.

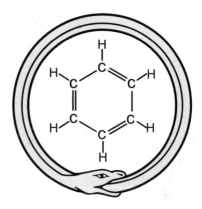

케쿨레가 꿈에서 보았다는 꼬리를 문 뱀의 모습을 그린 그림. 가운데는 벤젠의 분자 구조이다.

꿈은 이처럼 우리에게 영감을 주는 것 외에도 미래에 일어날 일을 예언한다고 여겨지기도 했다. 지금은 일종의 환각 작용이었으리라고 해석되지만, 고대 그리스에서는 신이 꿈을 통해 메시지를 전달한다고 믿기도 했다. 꿈의 예언 기능을 주장하는 사람 중에는 에이브러햄 링컨이 암살당하기 2주 전 살해당하는 꿈을 꿨던 것이나 나폴레옹이 워털루 전투 전날 자신의 군대가 패배하는 꿈을 꿨다는 이야기를 근거로 내세우기도 한다. (물론 과학적 근거는 전혀 없다.)

꿈을 설계한다, 자각몽
■

영화 〈인셉션〉에는 꿈의 내용을 설계하는 '꿈 건축가'가 등장한다. 이

영화 〈인셉션〉의 한 장면

처럼 꿈의 내용을 의지대로 조종하는 것이 실제로 가능할까? 꿈은 무의
식 상태에서 뇌가 무작위로 활동한 결과물이라고 여겨지지만, 사실 의
식적으로 꿈을 꿀 수도 있다. 이런 꿈을 '자각몽'이라고 부르는데, 훈련
을 통해서 얼마든지 꿀 수 있다. 자각몽을 꾸는 사람은 꿈에서 벌어지는
일의 순서를 마음대로 조절할 수 있다. 각성 상태처럼 몸을 움직이거나
외부의 자극에 대해 반응을 보일 순 없지만 꿈속에서 원하는 행동을 하
거나 말을 할 수 있다. 자각몽을 꾸었다고 해서 잠을 푹 자지 못했다거
나 피곤하다는 느낌을 받지도 않는다.

자각몽을 꾸는 동안 뇌에서는 어떤 일이 일어날까? 이에 대해서는 아
직 명확하게 밝혀진 바가 없다. 다만 논리적인 사고를 하는 측전두엽의
활성이 좀 더 높아진다는 보고가 있다. 연구진이 자각몽을 자주 꾸는 사
람과 그렇지 않은 사람을 비교했더니 전자의 경우 좌측 전전두피질과
측두엽 영역들 사이의 연결 강도가 높았다. 자각몽을 꾸는 동안 활성이

잠이 부족한 당신에게 뇌과학을 처방합니다

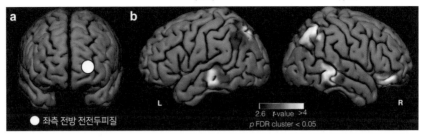

자각몽을 자주 꾸는 사람과 그렇지 않은 사람의 뇌 영상을 비교해 본 결과, 자각몽을 꾸는 동안 좌측 전방 전전두피질 영역과 측두엽 영역들의 연결이 강하게 나타났다. 이 영역들의 활성 정도는 일반적인 렘수면 동안에는 낮았는데, 자각몽을 꿀 때 특히 높아졌다.

높게 나타난 전두엽과 측두엽 간의 연결된 부위들은 자전적 기억, 자기인식, 시공간을 인식하여 주의를 집중하는 능력과도 관계가 있다. 자각몽을 꾸는 것은 내가 지금 보고 느끼는 것이 꿈속이라는 것을 인지하는데서 시작된다. 현재 처한 상황을 광범위하게 인지하고 판단할 수 있는능력이 필요하다. 이 같은 능력이 다른 사람보다 좀 더 발달했거나 이능력을 조절하는 데 능숙한 사람의 경우 자각몽을 더 자주 꾸는 게 아닐까 생각된다.

씹고 뜯고 맛보고 즐기는 꿈?

꿈에서 느끼는 감각 자극도 사람마다 다르다. 꿈을 여러 가지 색으로꾸냐 흑백으로 꾸느냐도 다르고, 꿈에서 소리가 나느냐 그렇지 않느냐

에도 차이가 있다. 영국 던디 대학교 심리학과의 에바 머진(Eva Murzyn)
이 한 연구에 따르면, 흑백 TV를 보고 자란 사람들의 경우 25%가 흑백
으로 된 꿈을 꿨지만, 컬러 TV를 보고 자란 사람들의 경우 7%만이 흑백
으로 된 꿈을 꿨다. 또 7세 이전에 시각을 잃은 사람은 시각적인 요소가
없는 꿈을 꾼다고 알려져 있으며, 태어날 때부터 시각을 잃은 사람의
경우 꿈을 꿀 때 청각이나 촉각, 미각적 요소를 더욱 생생하게 느낀다
고 한다.

꿈에서 사용하는 언어도 자신이 사용하는 모국어인 경우가 대부분인

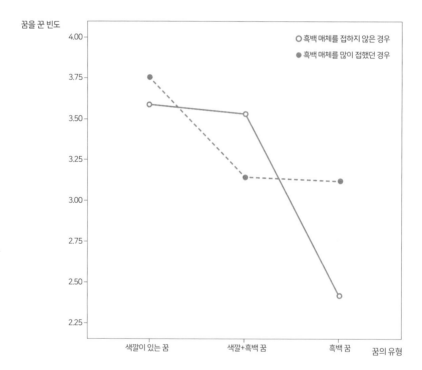

어렸을 때 흑백 매체를 주로 접한 경우 흑백 꿈을 많이 꾸는 반면, 컬러로 된 매체만 접한 경우
흑백 꿈을 거의 꾸지 않았다.

　　　　　잠이 부족한 당신에게 뇌과학을 처방합니다

데, 어린아이의 경우 새로운 언어를 배우면 모국어가 아닌 그 언어로 꿈을 꾸기도 한다.

꿈을 꾸는 동안 잠자는 사람을 둘러싼 환경에서 감각적인 자극이 가해지면 그 영향이 꿈에까지 미치기도 한다. 쉽게 꿈에 영향을 미치는 자극은 바로 냄새다. 미국 신경학자 레너드 코닝(James Leonard Corning)은 머리에 가죽 헬멧같이 생긴 장치를 씌우고 잠을 자는 동안 꿈을 꾸는 순간을 감지할 수 있도록 했다. 이 기계는 '꿈 기계'라고 불렸는데, 꿈을 꾸는 것이 감지되면 잠을 자는 사람에게 자극을 가해 그 영향을 연구하는 데 쓰였다.

2009년 독일 중앙정신보건연구소의 미하엘 슈레들(Michael schredl)은 자는 사람에게 장미향과 썩은 달걀 냄새를 각각 맡게 해 외부 환경의 자극이 꿈에 미치는 영향을 연구했다. 실험 결과 장미향을 맡은 사람은

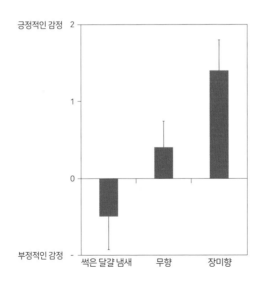

즐거운 꿈을, 썩은 달걀 냄새를 맡은 사람은 기분 나쁜 꿈을 꿨다고 대답한 비율이 높았다.

반면 시각 자극은 꿈을 꾸는 사람에게 잘 전달되지 않는다. 이는 시카고 대학교의 데이비드 폴크스(David Foulkes)에 의해 밝혀졌다. 그는 사람들의 눈꺼풀을 테이프로 고정시켜 눈을 뜬 채로 자게 했다. 그리고 꿈을 꿀 때 눈앞에 여러 가지 물체나 글귀를 보여줬다. 하지만 잠에서 깬 사람들이 꿈에서 본 것은 그들이 꿈을 꾸는 동안 눈앞에 보여졌던 것들과는 전혀 상관이 없었고, 그들은 자신들이 꿈을 꾸는 동안 눈앞에 무엇이 보여졌는지 전혀 알지 못했다.

잠이 부족한 당신에게 뇌과학을 처방합니다

떨어지는 꿈은 키 크는 꿈?

어릴 때부터 나이 들어서까지, 우리는 살면서 여러 가지 꿈을 꾼다. 그리고 그 꿈에 대해 많은 관심을 가진다. 꿈은 정리되지 않은 영상과 감각으로 나타나는 경우가 많다. 이해하기 어렵지만 그 내용의 근원이 분명 뇌 속에 존재하는 나 자신의 무의식적 기억에 있기 때문에 자꾸만 생각이 나고 해석하고 싶어지는 것 같다.

'해몽'이라고까지 하기는 좀 거창하지만, 한 가지 꿈의 해석에 대해 얘기해보려고 한다. 바로 '떨어지는 꿈을 꾸면 키가 큰다'는 얘기다. 이 말 역시 근거 없는 해석 중 하나인 걸까? 이 해석이 옳은지 살펴보기 전에 알아둘 재미있는 사실이 하나 있다. 이 떨어지는 것 같은 감각은 성인보다 어린아이가 더 많이 느낀다는 보고가 있다는 점이다. 그렇다면 이 해석은 꾸며낸 이야기가 아니라 진짜란 말인가?

답을 듣기 전에 이런 감각이 왜 느껴지는지부터 알아보자. 이를 '수면 중 발작'이라고도 볼 수 있는데, 신체 근육, 특히 다리 쪽의 갑작스러운 근육 수축 때문에 나타난다. 지금까지 알려진 바로 이 감각은 얕은 잠의 단계, 즉 거의 렘수면부터 비 렘수면 1단계에 들 때 주로 나타난다. 잠에 막 빠져드는 신체의 근육은 자연스럽게 이완된다. 이때 아직 완전히 잠에 빠져들지 않은 뇌가, 근육이 이완되면서 신체의 균형 감각이 사라지는 것을 바로잡으려고 신호를 보낸다. 그 신호에 반응하여 순간적으로 근육이 수축하고 그 순간 떨어지는 것 같은 감각이 나타나는 것이다.

사실상 키가 크는 것과 크게 상관이 없는 감각이었다(아쉬워라⋯). 아이들이 잠을 자다가 떨어지는 감각을 느끼고 깨면 무서워하니까 이런 말로 달랜 것인지도 모르겠다. 뿐만 아니라 어린아이에게서 이런 감각이 더 많이 느껴진다는 보고도 아이들이 이런 감각에 익숙하지 않아 보고된 비율이 높은 것일 뿐, 나이와 상관없이 나타나는 비율은 비슷하다는 조사 결과도 있다. 한 가지 재미있는 사실은 우리나라에서만 이런 말을 한다는 것이다. 서양에서는 이런 해석을 하지 않는다.

기억하지 못해도 당신은 매일 꿈을 꾼다. 꿈을 꾼 것이 생생하게 기억나지 않는다면 그만큼 푹 잠을 잤다고 생각해도 좋다. 기왕 꿈을 꾼다면 즐겁고 행복한 꿈을 꾸면 좋겠는데, 그러려면 어떻게 해야 할까? 꿈을 꾸는 데 '반동 효과'라는 것이 작용한다는 걸 알아두자. 반동 효과는 하지 말라는 지시를 들으면 그 일에 저도 모르게 집중하는 현상을 말한다. 마치 청개구리 심보 같은 것이다. 그래서 자기 전 좋지 않은 기억을 두고 이와 관련된 꿈을 꾸지 않았으면 좋겠다고 생각하면, 오히려 그쪽으로 집중력이 기울어 그 꿈을 꾸게 될 확률이 높다고 한다. 그러니 잠자기 전에는 될 수 있는 한 마음을 가볍게 하고 하루 동안 있었던 일을 쭉 흘려보내도록 하자.

피로는 가장 안전한 수면제다.

– 버지니아 울프(소설가)

Fatigue is the safest sleeping draught.

- Virginia Woolf

6

수면제와 잠

A｜편의점 갔다가 이런 걸 봐서 한번 사봤어.

B｜새로 나온 에너지 드링크인가? 밤새우려고 오늘도?

A｜아니 그 반대야. 잠이 잘 오게 해주는 음료래.

B｜잠이 오게 하는 음료? 수면제 같은 건가?

A｜편의점에서 샀으니까 수면제는 아닌 것 같고, 긴장을 완화해주고 그런 거 아닐까? 효과가 있을지 사실 의심스럽지만 요즘 늦게 자는 게 습관이 된 것 같아서 궁금하기도 하고, 한번 마셔보려고.

B｜신기하다. 수면제는 의사한테 진료받고 처방도 받아야 하잖아. 아무래도 약이니까 부작용 있을까 봐 무섭기도 하고. 진짜 이런 음료수가 효과가 있다면 잠 안 올 때 너무 편하고 좋을 것 같아.

때가 되면 특별한 노력이 없어도 잠이 드는 것이 정상이다. 그런데 잠이 도통 오지 않을 때가 있다. 그때 취할 수 있는 해결책으로 여러 가지가 있겠지만, 분명 수면제를 떠올리는 사람이 있을 것이다. 수면제, 대체 무엇이길래 몇 알이면 잠을 잘 수 있다는 걸까? 아무래도 약을 먹는다고 하면 한두 번 먹고 끝날 것 같지도 않고, 의사의 진료도 받아야 하니 귀찮기도 하고 무섭기도 할 것이다. 잠을 깨고 싶을 때 커피나 에너지 드링크를 쉽게 사서 마시는 것처럼, 잠을 자고 싶을 때도 음료수 한 잔을 마시는 걸로 해결이 된다면 정말 좋을 것 같다. 잠을 자지 못하는 사람들을 위해 사용되고 있는 수면제와 또 전문 의약품이 아닌 것들에는 무엇이 있는지 살펴보자.

수면제는 언제부터 사용됐을까?

알코올

사실 불면증은 현대인만 가지고 있는 문제가 아니다. 고대 사람들 역시 잠이 오지 않아 고생한 모양인지, 그럴 때 주로 다량의 알코올을 섭취했다는 기록이 있다. 신경계에는 다양한 종류의 신호를 받고 전달하는 수용체가 있는데, 알코올은 그중 감마 아미노부티르산(Gamma Aminobutyric-acid) 수용체에 결합할 수 있다. 가바(GABA) 수용체라고 줄여 부르기도 하는 이것은 안정, 진정 작용을 한다. 때문에 알코올을 섭취하면 이 수용체가 활성화되면서 신경 활성이 억제되고 안정 상태로 빠져든다. 보통 안정, 진정된 상태라고 하면 편안하게 쉬고 있는 상태로 생각할 수 있는데, 이때 말하는 안정 상태란 의식이 흐릿해지고 잠

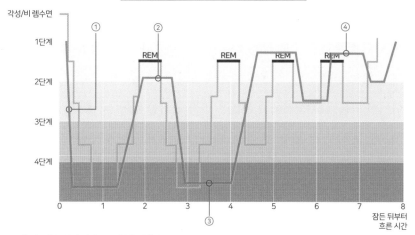

① 알코올은 잠에 빠져드는 시간을 단축시키고
② 특히 잠든 초반에 렘수면을 억제하며
③ 서파수면 시간을 길게 만들고
④ 거의 각성에 가까운 얕은 잠 상태를 길게 유지시키다가 후반에 렘수면을 길게 늘어뜨린다

이 들게 되는 상태를 가리킨다.

알코올은 신경을 인위적으로 안정시킨다. 의식은 흐려지지만 뇌는 아직 자연스럽게 잠을 잘 준비가 되지 않은 상태다. 따라서 알코올로 인한 신경 안정 상태는 부자연스럽고 인위적이다. 알코올을 섭취하여 잠들었을 경우 개운하게 숙면을 취하기 어려운 까닭이다. 실제로 이 경우, 아무리 잠든 시간이 길더라도 수면의 각 단계를 충분한 시간만큼 거치지 못하게 된다.

수 세기 전에는 질 좋은 잠을 제대로 자느냐 하는 문제보다 밤에 말똥말똥한 정신으로 깨어 있는 걸 우선 해결하는 게 더 급했을 테니 다량의 알코올 섭취가 적절한 해결 방안으로 쓰인 것도 이해는 간다.

최초의 수면제이자 마취제, 에테르

지금 나오는 수면제는 과거에 사용하던, 성분을 모르는 약초나 위험한 결과를 초래할 수도 있는 약물들과는 다르다. 알 수 없는 부작용은 거의 없고, 어떤 작용을 통해 수면에 도움을 주는지가 잘 알려져 있는 안전한 약물이다. 의사에게 처방을 받아 섭취할 수 있는, 좀 더 '과학적'이라고 표현할 수 있을 것 같은 바로 그 수면제는 언제 처음 등장했을까?

흔히 말하는 시기는 19세기다. 이 시기는 화학이 크게 발달하면서 의학적 목적으로 화학 물질을 사용하기 시작한 때다. 특히 외과 수술이 많이 시행되면서 마취를 위해 에테르라는 물질이 많이 활용되었는데, 이 물질이 최초의 수면제라고 볼 수 있다. 실제로 에테르는 수술 시에 마취를 위한 용도 외에 불면증을 치료하는 용도로도 종종 처방되었다고 한다.

식물과 약초도 수면제였다

■

성분이 명확하게 밝혀진 화학 물질이라고 볼 수 있는 약물 외에 자연에서 채취하는 약초도 불면증 치료제로 많이 사용되어왔다. 신경을 안정시켜 각성된 의식을 흐릿하게 만드는 효과를 가진 약초들이 그렇다. 하지만 모두가 잘 알고 있다시피 약물을 함부로 사용했다간 의존증이 생겨 약물 없이 절대 잠이 못 드는 지경이 될 수도 있다. 그게 다가 아니다. 더 무서운 건 환각 증세를 비롯한 수많은 부작용이 생길 수도 있다

잠이 부족한 당신에게 뇌과학을 처방합니다

는 사실이다. 대표적으로 환각 작용을 일으키는 약물인 아편도 아주 오래전에는 불면증을 앓는 환자에게 많이 사용된 바 있다. 하지만 요즘 누가 잠이 오지 않는다고 아편을 구해서 먹겠는가?

한의학에서도 수면제로 사용되는 약초가 있다. 『중약대사전』에는 정신 불안이나 요통, 월경 불순, 신경계 진정, 혈압과 호흡을 낮추는 데 길초근 또는 힐초라고 불리는 풀을 쓰면 좋다고 적혀 있다. 약재로 쓸 때는 이 식물의 뿌리 부분을 채취해서 말려 사용한다. 뿌리에서 나는 독특한 냄새 때문에 '쥐오줌풀'이라고도 불리는데, 이 때문인지는 알 수 없지만 고양이가 이 식물을 좋아해서 '고양이풀'이라고도 불린다.

쥐오줌풀에는 발레릭산이라는 성분이 들어 있는데, 이 성분은 체내에 흡수되었을 때 가바 수용체를 활성화시켜 신경계를 진정시키는 효과를 낸다. 이것을 원료로 하는 건강 보조 식품이나 음료도 시중에서 볼 수 있다. 전문의의 처방을 받아 복용할 수 있는 의약품과는 차이가 있겠지만, 기본적으로 이 성분이 포함되어 있다면 뇌 신경계의 활성을 안정시켜서 잠을 유도하거나 잠든 상태를 오래 유지하는 데 도움을 줄 수 있을 것이다.

실제로 2017년에 한국의 농촌진흥청에서 이 식물의 효과를 확인하기 위해 실험을 했던 적도 있다. 잘 말린 쥐오줌풀 뿌리를 따뜻한 물에 우려낸 다음, 잠을 재우지 않은 쥐에게 먹였더니 이 물을 마시지 않은 쥐에 비해서 눈을 깜빡거리는 횟수가 59% 감소했다고 한다. 여기서 눈을 깜빡거리지 않았다는 의미는, 눈을 완전히 오랫동안 감고 있었던 것으로 잠에 빠져들었다는 의미다. 쥐오줌풀 우린 물을 마신 쥐의 경우 마시지 않은 쥐에 비해 잠의 깊이 역시 차이를 보였다. 잠에 한번 빠져든 뒤 다시 깨어나기까지의 시간, 즉 중간에 깨지 않고 쭉 잔 잠의 길이를 측정했을 때 쥐오줌풀을 우린 물을 마신 경우 약 86% 더 길고 깊게 잠을 잤을 것이라고 결론 내렸다.

다양한 수면제의 종류

■

현재 불면증을 치료하기 위해 복용하는 약물들은 단순히 의식을 흐릿하게 하는 것이 아니라 정말로 뇌와 몸을 잠이 든 상태로 변하게 한다. 이를 위해 이용되는 약물들은 크게 수면제와 수면 유도제로 구분해 볼 수 있다.

수면제와 수면 유도제의 차이는 명칭에서 보이는 그대로다. 수면제는 잠 자체를 유지하는 데 더 도움이 되고, 수면 유도제는 잠에 빠져드는 것에 더 도움이 된다고 볼 수 있다.

수면제는 수면 진정제라고도 부른다. 수면 효과뿐 아니라 진정 작용을 하는 효과를 가지기 때문이다. 수면제라고 부를 수 있는 약물은 불면증에 도움이 되는 약물만이 아니라, 수술 시에 쓰이는 마취 보조제도 포함한다. 수면 내시경과 같이 비교적 간단한 시술을 할 때 주사제로 쓰이는 약물은 수면제로 처방되는 약물과 같은 성분을 공유하고 있다. 수 세기 전 사람들이 에테르를 마취제로도 수면제 용도로도 사용했다는 사실이 다시금 떠오르는 대목이다.

벤조디아제핀

가장 많이 쓰이는 수면제는 '벤조디아제핀(Benzodiazepine)' 계열의 약물이다. 이 계열의 약물은 과거에 많이 사용되다가 단점과 부작용이 많이 밝혀져 점점 사용량을 줄이고 있는 추세다. 벤조디아제핀 계열 약물은 뇌 신경계에서 진정, 이완 작용을 하는 가바 수용체에 결합한다. 그럴 경우 활성화된 수용체가 신호를 보내기 시작하는데, 이 신호는 위에서 말한 바와 같이 진정 혹은 안정 작용이다. 신경계의 활성이 억제되면 몸이 나른해지고 잠에 빨리 빠지게 되는 것이다.

이쯤에서 알코올을 섭취했을 때와 벤조디아제핀계 약물을 복용했을 때 잠드는 과정이 똑같을까 하는 궁금증이 든다. 둘 다 똑같은 수용체에 결합하기 때문이다. 그러나 두 물질은 구조가 다르다. 수용체에 결합하는 방식도, 결합한 뒤 수용체가 나타내는 반응도 다르다. 알코올이 결합했을 때 신경계 내의 가바 농도가 높아지는 반면, 벤조디아제핀계 약물이 결합했을 때는 그런 변화가 없다고도 한다.

알코올은 보통 가바가 결합하는 자리가 아닌 다른 자리에 결합하여 가바 수용체를 활성화시킨다. 가바 수용체의 옆구리라고 할 수 있는 곳에 알코올이 가서 붙으면, 수용체의 구조가 살짝 변화하면서 가바 없이도 활성 상태처럼 변한다. 결과적으로는 가바 수용체를 활성화시킴으로써 신경계를 안정시키게 된다.

반면 벤조디아제핀계 약물의 경우 알코올과 비슷하게 그 자체로 가바 수용체에 영향을 주어 활성화시킨다기보다 가바 수용체의 기능에 도움을 주는 방식으로 작용한다. 이 물질은 알코올과는 또 다른 자리에 결합한다. 특정 종류의 가바 수용체에는 벤조디아제핀이 결합할 수 있는 자리가 따로 있다. 이 계열의 약물은 아무 곳에나 달라붙는 것이 아니라 이 보조자 역할을 하는 자리에 가서 결합을 한다. 벤조디아제핀이 가바 수용체에 결합하면, 오로지 가바만 수용체에 결합했을 때보다 가바 수용체가 보내는 신경 안정 신호가 훨씬 더 강하게 나타난다.

정리해보면 가바와 알코올, 벤조디아제핀계 약물은 모두 같은 수용체에 결합하여 가바 수용체를 활성화시키고 결과적으로 신경계의 안정시킨다. 다만 결합하는 자리가 다르다.

벤조디아제핀계 약물을 섭취하여 잠드는 경우, 알코올 섭취로 의식을 잃고 잠드는 것과는 다르다고 하지만 여전히 뇌가 자연스럽게 잠드는 것과는 차이가 있다. 아무런 약물의 도움 없이 자연스럽게 잠든 경우와 비교해보면 렘수면과 서파수면 시간이 모두 짧다. 즉 이 약물의 도움을 받으면 잠을 잘 수는 있지만, 질적으로 깊은 잠을 푹 잘 수 있을 거라고 보장할 수 없다.

벤조디아제핀계 약물이 가지는 신경을 안정시키는 효과는, 편안하게 잠들게 돕는 것 외에 공황장애나 광장공포증과 같은 불안장애의 치료에 활용되기도 했다. 또 근육에 신경신호가 과도하게 전달되거나 부적절한 순간에 자극이 전달되는 경우를 조절하려는 목적으로 항경련제나 근 이완제로도 이용되기도 했다.

그런데 뇌에는 가바 수용체가 여기저기에 존재한다. 그리고 가바 수용체도 불안감을 완화시키는 역할에 기여하는 수용체, 잠이 오고 신경이 안정되게 하는 수용체 등 그 주요 기능에 세부적인 차이가 있다. 벤

잠이 부족한 당신에게 뇌과학을 처방합니다

조디아제핀계 약물은 이 다양한 종류의 가바 수용체 모두에 작용할 수 있다. 때문에 우리가 바라는 효과 이외에 예상하지 못한 다양한 결과를 가져올 수 있다. 실제로 벤조디아제핀계 약물을 복용했을 때 나타나는 다양한 부작용이 보고된 바 있다. 잠에서 깨어났을 때 어지러움을 느끼거나 불안감이 느껴지는 것이 그것이며, 부작용은 의도하지 않았던 방향으로 약물이 복합적인 작용을 일으켜 일어나는 현상이기 때문에 각각의 부작용에 대해 정확한 이유를 알아내기가 어려워 위험할 수 있다.

벤조디아제핀계 약물은 그 작용을 완화시킬 수 있는 해독제도 존재한다. 하지만 이 약물은 의존성이 매우 높아 함부로 복용했다간 큰 문제가 발생할 수 있다. 주로 전문의가 의료 목적으로 사용하는 약물이다.

바르비튜레이트

두 번째로는 '바르비튜레이트(Barbiturate)' 계열의 약물이 있다. '바르비탈'로 줄여 부르기도 하는 이 계열의 약물은 가바 수용체의 특정한 유형에 작용한다고 알려져 있으며, 특히 호흡 작용을 억제하는 효과가 있다. 자세한 작용 기전이 밝혀지지 않은 과거에는 잠이 들도록 만드는 효과만을 보고 수면제나 마취 보조제, 항경련제로도 이용했다. 그러나 이 약물이 가진 가장 큰 위험성은 섭취했을 때 작용을 완화시키거나 무마시킬 해독제가 없다는 사실이다. 조금만 사용해도 생명을 위협할 수 있다.

그 외, 비(非) 벤조디아제핀

그 외에도 다양한 약물이 존재한다. 수면작용을 하는 약물의 작용 기전은 대체로 비슷하다고 할 수 있다. 벤조디아제핀, 바르비탈과 비슷하게 그 외의 약물 대부분도 신경의 각성과 이완 상태를 조절하는 가바 수용체에 작용한다는 것은 공통점이다. 그 밖의 특징은 약물마다 모두 다르지만, 비 벤조디아제핀계 중에서 많이 사용되는 약물 대부분이 가지는 공통된 특징이 있다.

가장 중요한 특징 하나는 의존성이 낮다는 것이다. 즉 몇 번 먹는다고 해서 그 약이 없으면 더 이상 잠을 잘 수 없거나 하는 문제가 쉽게 생기지 않는다. 하지만 이 말이 아무리 먹어도 문제될 일이 없다는 뜻은 절대 아니다. 약물마다 다르긴 하지만 부작용은 항상 존재하기 때문이다. 함부로 복용할 경우 기억에 혼란이 생길 수 있고 환각 작용이 일어날 수도 있다. 실제로 벤조디아제핀이나 바르비탈 계열이 아닌 약물을 수면제로 복용한 뒤 몽유병 증상을 보이거나 약에 취해 잠이 든 채로 운전을 한 경우도 여러 번 보고된 바 있다.

비 벤조디아제핀계 약물이 가지는 또 다른 특징은 섭취한 뒤 효과가 나타나기까지의 시간이 매우 짧다는 점이다. 복용을 하면 거의 바로 반응이 나타나는데, 흡수가 빨라서 발현까지의 시간이 빠르기 때문이다. 그뿐 아니라 지속되는 시간도 짧다. 이는 섭취한 뒤 대사가 빠르게 이루어지기 때문이라고 볼 수 있다. 대사가 빠르다는 것은 체내에서 제거되는 배출 과정이 짧고 빠르다는 의미도 된다. 보통 저녁에 복용할 경우 아침에 잠에서 깨어나기 전까지 약물 성분 전부가 대사 과정을 모두 거

잠이 부족한 당신에게 뇌과학을 처방합니다

쳐 전부 분해, 배출되는 것으로 알려져 있다. 그런데 이 역시 약물의 종류에 따라 다르다. 실제로 한국에서 현재 사용되고 있는 비 벤조디아제핀계 약물 중 지속 시간이 긴 종류도 있다.

수면제가 아닌 수면제들

우울증 치료제

잠이 들게 하는 목적이 아니라 우울증을 치료하려는 목적으로 개발된 약물을 수면제 대신 쓰기도 한다. 이 약이 수면제로 처방되게 된 가장 큰 이유는 우울증을 앓는 경우 불면증에 시달릴 가능성이 높아서라고 한다. 즉 불면증의 근본 원인으로 우울증이 꼽히는 경우 이 약물을 사용하여 치료하는 경우가 있다. 하지만 불면 증상이 우울증으로 인해 나타나는 것이 아니라면 이 약물을 함부로 사용하지 않는 것이 좋다. 앞서 설명한, 불면증에 도움을 주기 위해 이용되고 있는 비 벤조디아제핀계 약물과 달리 이 약물은 또 다른 위험을 가져올 수 있기 때문이다. 이 약물은 대부분의 비 벤조디아제핀계 약물처럼 의존성이 낮은 편이지만, 부작용이 심한 경우가 많다. 대표적으로 어지럼증, 입 마름, 속쓰림, 성 기능 저하, 몸무게 증가 등의 증상이 있다.

감기약(항히스타민제)

가벼운 감기나 두통, 알레르기를 치료하기 위해 먹는 항히스타민제 역시 수면제로 이용될 수 있다. 감기약을 먹었을 때 졸음이 쏟아졌던 경험이 많이 있을 텐데, 이는 많은 종합 감기약에 항히스타민제 성분이 들어 있기 때문이다. 특히 알레르기, 비염 증상을 치료하는 데 쓰이는 코감기약에 항히스타민제 종류가 많다. 히스타민은 중추신경계에서 각성 작용을 한다. 히스타민의 작용을 억제하는 것이 항히스타민제의 주된 역할이기 때문에, 히스타민을 억제하면 신경은 반대로 진정, 완화되고 결과적으로 졸릴 수 있다. 이 같은 약물은 단기적으로 불면 증세를 느끼는 경우에 분명 도움을 받을 수 있다. 하지만 오랜 기간 불면 증세를 겪는다면 마땅히 전문가를 찾아가 상담과 적절한 도움을 받는 것이 필요하다.

수면제는 언제 먹는 게 좋을까?

∎

오랜 기간 동안 불면증을 겪는 경우 수면제를 먹어보고 싶다는 생각을 할 수 있다. 하지만 약물의 도움을 먼저 받으려 하기보다 먼저 수면 습관과 잠자는 곳 주변의 환경을 개선하려는 노력을 할 필요가 있다. 아무것도 아닌 일 같지만, 작은 환경 변화와 습관 조절이 불면증 완화에 큰 효과를 나타낼 수 있다. 이 같은 방법을 시도해봤는데도 효과가 없고, 또 불면증이 수 개월 동안 지속되면서 그 정도가 매우 심각하다면 반드시 전문의와의 상담을 통해 해결책을 찾을 것을 권한다.

일부 수면 유도제는 약사의 복약 지도에 따라 약국에서 구입할 수 있다. 하지만 그렇다고 하더라도 전문의와의 상담을 통해 복용 여부를 결정하는 것이 바람직하다. 뿐만 아니라 복용하는 양이나 기간, 복용 시점 등 자세한 복용 방법까지 적절한 지도를 받고 그대로 따르는 것이 안전하다.

수면제를 처방받아 일정 기간 동안 복용하게 되었을 경우, 약을 함부로 끊는다면 위험할 수 있다. 사람에 따라 약물을 받아들이고 그에 대해 신체가 반응하는 양상에 차이가 있기 때문이다. 수면제의 경우 신경계에 영향을 미쳐 자칫 잘못하면 위험한 상황이 발생하기 쉬우므로 약을 그만 먹는 경우에도 전문의의 지시를 반드시 받아야 할 것이다.

현재 수면제로 쓰이고 있는 약물은 뇌 신경계를 안정시킴으로써 잠을 유도하거나, 한번 잠이 들면 각성 상태로 쉽게 돌아오지 않게 함으로써 잠든 상태를 오래 유지되도록 한다. 단기적으로 한두 번 너무 잠이 오지 않을 때, 또는 불면증으로 인해 일상적인 생활에 지장을 받을 정도로 상황이 심각할 때는 전문가의 조언을 얻은 뒤 수면제의 도움을 받아 나아질 수도 있겠다.

하지만 수면제는 사실상 불면증이라는 증상을 직접적으로 치료해주는 것이 아니다. 모든 수면제들은 간접적으로 신경 작용을 조절하여 잠이 오기 쉬운 상황을 만들어주는 것이다. 수면제는 일시적으로는 분명 효과가 있지만 약물이기 때문에 의존성, 중독, 내성, 금단 증상을 비롯해 심하면 합병증을 일으키거나 다른 질병이 생긴 것을 모를 수도 있다. 가장 중요한 것은 불면증을 예방하기 위해 평소 바른 수면 습관을 가지도록 노력하는 것이다.

멜라토닌도 수면제일까?

잠이 안 올 때 시도할 수 있는 것 중 하나가 멜라토닌을 섭취하는 것이다. 시차가 많이 나는 지역에 방문하는 경우 빠른 시차 적응을 위해 멜라토닌을 섭취하는 경우는 꽤 흔하다. 멜라토닌은 먹는 약으로 나오기도 하고, 피부에 바르는 크림이나 붙이는 패치로도 나온다.

잠이 오도록 도와주는 물질이라고 하는데, 멜라토닌은 다른 수면제와 다를까? 다르다면 무엇이 어떻게 다른 걸까? 가장 큰 차이는 멜라토닌은 체내에서 자연적으로 합성된다는 데 있다. 멜라토닌은 뇌하수체에서 자연적으로 생성된다. 만들어지는 양은 외부 환경으로부터 빛이 얼마나 전해지느냐에 따라 달라진다. 외부 환경에서 빛이 전달되지 않으면 뇌하수체는 멜라토닌을 점점 더 많이 분비한다. 분비된 멜라토닌은 잠이 오도록 만드는 뇌 영역을 활성화시키고, 졸음이 느껴지면서 결국 잠에 빠져들게 된다.

멜라토닌은 우리 몸이 일주기 리듬에 맞춰 잠을 잘 수 있게 한다. 외부로부터 전해지는 빛의 양에 따라 그 생성과 분비가 조절된다고 했는데, 만약 외부 환경의 빛을 인지하지 못하면 어떻게 될까? 실제로 시각 장애를 가진 사람의 경우 외부 환경의 빛을 인지하기 어렵다. 이들에게서는 멜라토닌의 합성과 분비가 적절하게 이루어지지 못하는 경우가 많다. 하지만 정상 시각을 가진 사람보다 외부에서 전해지는 빛의 변화를 인지하기 어려운 이들에게도 인위적으로 자극을 가했더니, 작게나마 멜라토닌 분비량이 변화하는 것을 볼 수 있었다.

완전히 빛 자극을 인지할 수 없는 경우와 빛을 약간이라도 인식할 수 있는 사람의 경우에도 차이가 있다. 후자의 경우 하루 동안 외부로부터 전해지는 빛의 양이 달라지는 것에 따라 멜라토닌 양의 변화 주기가 더 일정하게 나타났다. 뿐만 아니라 쥐와 사람에게서 멜라토닌을 주입하는 것으로 좀 더 생체주기를 일정하게 변화시키는 것을 확인한 연구도 있다. 모두 우리 몸이 잠에 빠져드는 데 멜라토닌이 도움을 줄 수 있다는 증거다.

멜라토닌을 섭취하면 실제로 어떤 사람들은 졸음이 온다고 느낀다. 실험실에서 사람과 실험용 쥐에게 시험한 결과에서도 멜라토닌이 수면을 유도하는 효과를 보였다고 보고된 바 있다. 물론 같은 양을 섭취했다고 하더라도 졸음이 온다고 느끼는 정도는 사람마다 다를 수 있다.

또 중요한 사실이 있다. 수면제와 다른 물질이고 체내에서 자연적으로 합성된다고 해서 마치 안전한 것 같은 기분이 들지만, 멜라토닌이라고 특별히 다른 수면제보다 더 안전하다고 생각해서는 안 된다. 잠이 잘 안 온다고 해서 멜라토닌 제재를 함부로 복용해서는 안 된다. 장기간에 걸쳐 멜라토닌을 계속 섭취하는 경우에 어떤 효과가 나타날 수 있는지는 아직 확실히 알려진 바가 없기 때문이다.

한국의 경우 멜라토닌은 반드시 의사의 처방을 받아야 구입, 복용할 수 있는 전문의약품으로 분류되어 있다. 식품의약품안전처에서 멜라토닌을 섭취하는 데 의약학적 전문지식이 필요하다고 판단하고 있기 때문이다. 미국에서는 건강기능식품으로 분류되어 의사의 처방 없이 대형 마트에서도 멜라토닌 성분이 들어간 제품을 쉽게 구할 수 있긴 하다. 하지만 그런 미국에서도 다른 수면제와 마찬가지로 복용 시 전문가의 적절한 조언과 지시가 필요하다고 권고한다. 지나치게 많은 양을 부적절하게 섭취하면 멜라토닌 역시 다른 수면제와 마찬가지로 부작용을 일으킬 가능성이 분명 있다.

잠이 부족한 당신에게 뇌과학을 처방합니다

신이 보내주시는 기회도
잠들어 있는 자는 깨울 수 없다.
- 아프리카 속담

Even the chance from God

can't wake the sleep up.

- African saying

7

마취와 잠

A 예전에는 마취도 안 하고 내시경 어떻게 했나 몰라. 잠이 드는 줄도 모르다가 일어나면 다 끝나 있으니까 너무 편하고 좋네.

B 나는 마취하는 게 무서워서 수면 내시경 안 해. 수술 중 각성 그런 것도 있잖아. 구역질이 좀 나긴 하지만, 그래도 일반 내시경이 아주 못할 정도는 아니지 않아?

A 그러게, 사람마다 마취가 잘 되는 정도가 다르다는 말도 들어본 것 같아. 마취가 잘 안 돼서 중간에 깨면 마취제를 더 넣어주나?

B 중간에 깼다고 마취제를 더 넣을 수도 없는 것 같던데. 마취된 사람은 마치 잠든 것처럼 느끼지만, 잠에 드는 거랑은 완전 다른 얘기잖아? 난 좀 무서운 것 같아.

잠을 자는 동안 무슨 일이 일어나는지 우리는 알지 못한다. 하지만 잠이 든 상태에서 심장은 계속 뛰고, 뇌도 열심히 활동한다. 잠을 자는 것과 의식이 살아 숨쉬는 것은 어떤 관계가 있을까?

감각이 느껴지지 않고 의식적으로 움직일 수 없지만 살아 있는 또 다른 상태가 바로 마취 상태다. 그럼 잠을 자는 것과 마취된 상태는 같은 걸까? 앞선 대화에서처럼 마취되었다가 깨어나는 과정은 평소에 자연스럽게 잠들었다가 깨어나는 것과 동일한 과정인 걸까?

마취에 빠진 사람을 보면 마치 잠든 것처럼 보인다. 실제로 마취 상태와 잠든 것 사이에는 유사한 점이 있다. 하지만 유사점이 있을 뿐이지 이 둘이 완전히 같다고는 볼 수 없다. 가장 큰 차이점은 의식이 있느냐, 즉 의식적으로 주변 환경의 변화를 인지하고 감각하며 그 변화에 반응을 보일 수 있느냐 여부일 것이다. 여기서 의식이 있느냐는 뇌 활동의 차이를 비교해보면 바로 확인할 수 있다.

잠든 의식과 마취된 의식

의식이 있는 상태는 자기 자신을 비롯해 주변 사람과 환경을 온전히 파악하고 인식하는 상태라고 할 수 있다. 잠을 자고 있는 사람은 의식이 있는 걸까? 자는 동안은 뇌의 활동에 따라 내 몸의 움직임과 활성이 조절된다. 나와 주변 환경에 대해 충분히 인식하고 있으며, 작은 변화나 자극에 대해서 느리긴 하지만 반응도 보인다. 외부의 자극이나 변화를 전혀 인지하지 못하거나 절대 반응할 수 없는 게 아니다. 잠을 자는 사람을 세게 꼬집거나 흔들었을 때를 생각해보자. 코를 골거나 잠꼬대를

잠이 부족한 당신에게 뇌과학을 처방합니다

하던 사람의 경우 이를 순간적으로 멈추기도 한다. 또 살짝 잠이 깨어 움직이거나 '무슨 일이야?'와 같은 말을 하기도 한다. 완전히 잠에서 깨어나버리기도 한다. 이런 반응은 모두 잠이 든 상태에서 외부로부터 내 몸에 가해진 자극과 그로 인해 발생한 변화를 느낄 수 있다는 증거다. 즉 잠든 것은 의식이 있는 상태이고 그렇기 때문에 외부 환경의 변화와 자극에 반응해 스스로 각성 정도를 조절하여 잠에서 깨어나는 것이 가능하다.

하지만 마취된 상태는 그렇지 않다. 마취 상태는 의식이 거의 없는 상태라고 볼 수 있다. 마취된 사람은 아무리 세게 꼬집거나 흔들어도 즉시 깨어나지 않는다.

두 상태의 차이는 깨어난 뒤를 비교해보면 더 확연하다. 잠에서 깨어났을 때는 그 장소가 어디이고, 내가 무엇을 하다가 정신이 들었는지 명확하게 안다. 내 몸이 놓여져 있는 상태도 전혀 어색하지 않고, 즉각적으로 몸을 움직이는 것도 자연스럽다.

하지만 마취에서 깨어나면 그렇지 않다. 물론 마취는 보통 수술을 받기 위해 시행하는 경우가 많다 보니 그런 것 아니냐고 물을 수도 있다. 환자가 수술을 받는 장소와 수술이 끝나고 회복하며 마취에서 깨어나는 장소가 다른 경우가 많기 때문이다. 의식이 없는 동안 다른 장소로 옮겨졌기 때문에 깨어났을 때 이곳이 어디인지 바로 파악하지 못하게 된다는 것이다. 하지만 마취에서 깨어났을 때 주변 환경에 대한 인식 수준이 떨어진다고 하는 것은 이 정도를 두고 하는 말이 아니다. 마취에서 깨어난 사람은 대부분 침대 위에 누워 있는 상황 자체에 어색함을 느낀다. 또 마취되어 있는 동안 무슨 일이 있었는지, 현재 내가 위치한 상황, 주변 환경은 어떤지 파악하기 위해서 외부의 도움이 필요하다. 마취된 동안 의식이 거의 없어지기 때문에 나타나는 일이다.

잠든 뇌와 마취된 뇌

잠이 들었는지에 대한 가장 확실한 증거는 뇌파 측정 결과일 것이다. 마취된 때와 잠들었을 때의 뇌전도를 측정해보면 깨어 있을 때와는 확연히 다른 양상의 뇌파가 나타난다.

잠이 들었을 때 관찰되는 뇌파의 형태는 각성 상태에 비해 그 세기가 다소 약해진 것처럼 보인다. 그리고 렘수면, 서파수면 등 잠의 단계에 따라 특징적으로 구분되는 몇 가지 패턴이 잠을 자는 동안 번갈아 나타난다.

이번에는 마취된 상태에서 나타나는 뇌파를 살펴보자. 뇌파만으로도 마취된 것과 잠이 든 것을 비교하는 것이 가능하다. 마취 상태에서는 잠들었을 때보다 진폭이 훨씬 크고 느린 뇌파가 더 많이 관찰된다. 또 잠든 뇌의 경우 잠의 단계 변화를 거치며 그 활성 정도가 일정하게 변하지만, 이와 달리 마취된 뇌는 일정하게 억제된 상태가 계속 유지된다는 것도 차이점이다. 또 마취 상태가 깊어지면 거의 혼수상태일 때와 유사하게 뇌전도에 신호가 잡히지 않게 된다.

잠이 부족한 당신에게 뇌과학을 처방합니다

수면제와 마취제

■

마취와 수면 상태는 다르다고 했다. 하지만 의료 목적으로 사용되는 마취제와 수면제의 성분을 비교해보면 이 둘이 완전히 다른 것은 또 아니다. 마취제는 마취에, 수면제는 수면에, 서로 다른 상태에 들게 하는 이 두 약물에 공통 성분이 있다니, 갑자기 헷갈리게 이게 무슨 말일까?

앞서 말했듯 수면제의 목적은 인위적으로 신경계의 활동을 억제시켜 뇌와 신체를 이완시키는 것이다. 직접적으로 '잠들게 한다'기보다, 신경계, 즉 뇌를 '이완'시켜 잠에 빠져들도록 하는 것이다. 조금 더 풀어 설명하자면, 우리 몸이 외부로부터 오는 자극에 덜 민감하게 반응하도록, 감각이 무뎌지도록 만드는 것이다.

이제 마취의 목적을 생각해보자. 의료 목적으로 마취를 하는 까닭은 환자가 외부로부터의 자극을 잘 느끼지 못하게 하고, 외부 환경의 큰 변화와 신체에 가해지는 강한 자극에 대해 반응하지 않도록 하려는 것이다. 수면제와 마취제의 목적을 보니 비슷한 것 같다. 수면제와 마취제는 모두 신경계를 전반적으로 안정시킴으로써 신체가 외부 자극에 대해 덜 민감하게 반응하도록 만드는 성분을 가진, 결국은 비슷한 목적을 달성하는 약물인 셈이다.

그럼 왜 굳이 수면제, 마취제로 구분하는 걸까? 바로 약물에 따라 뇌에서 작용하는 곳, 신경계를 안정, 이완시키는 정도에 차이가 있고, 효과도 다르게 나타나기 때문이다. 마취제로 쓰이는 약물의 경우 수면제로 쓰이는 약물에 비해 신경계를 안정시키는 강도가 쉽게 말해서, 매우

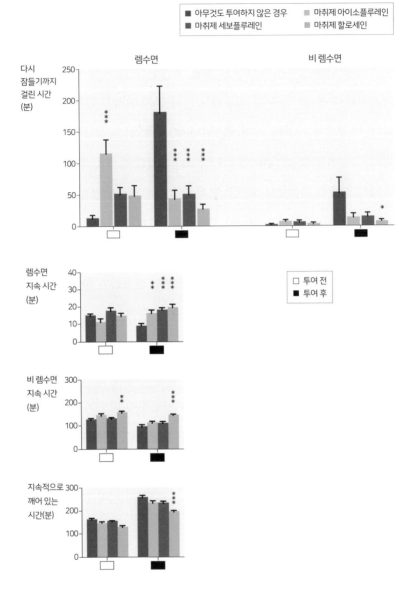

마취되었다가 깨어난 경우 렘수면과 비 렘수면에서 모두 잠들어 있는 시간이 길어졌고, 깨어 있는 시간은 마취되지 않은 경우에 비해 짧았다. 또 그 이후 잠에 다시 빠져들기까지의 시간도 더 짧아졌다.

세다. 외과 수술을 받는 환자는 외부 자극에 대한 감각을 거의 느끼지 못해야 하며, 수술이 완전히 마무리될 때까지 그러한 상태가 지속되어야 한다. 이 사실을 고려한다면 얼마나 강력한 이완 작용이 필요할지 상상할 수 있을 것이다.

또 숙면을 취하기 위해서는 잠의 각 단계를 적절히 거쳐야만 한다는 사실을 떠올려보자. 그러면 마취되었다가 깨어나는 경우 잠을 자고 나서 얻을 수 있는 효과는 전혀 얻을 수 없으리라는 것을 짐작할 수 있다. 실제로 2009년 세상을 떠난 마이클 잭슨의 경우 마취제인 '프로포폴'을 수면 보조 약물로 처방받은 것이 그의 죽음에 영향을 미쳤다고 알려지기도 했다. 마취제를 계속해서 투여받으면 일시적으로 의식을 잃고 마취 상태에 빠지면서 잠을 잔 것으로 착각할 수 있다. 하지만 사실상 뇌의 활동은 수면 상태를 거치지 못해 오히려 수면 부족에 놓이게 된다. 마취제의 종류에 따라 그 효과에 차이는 있지만, 마취제를 투여한 쥐의 경우 깨어난 뒤에 잠에 더 빨리 빠져들고 잠을 자는 시간이 더 길어지는 것이 관찰되기도 했다. 마치 잠의 빚이 생긴 경우와 비슷하다.

수면과 각성을 조절하는 시상하부

■

뇌에서 각성과 수면을 조절하는 대표적인 영역은 '시상하부'다. 시상하부가 수면과 각성의 전환에 중요한 역할을 한다는 사실은 오스트리아의 정신의학자 콘스탄틴 폰 에꼬노모(Constantin von Economo)가

· 시상하부 ·

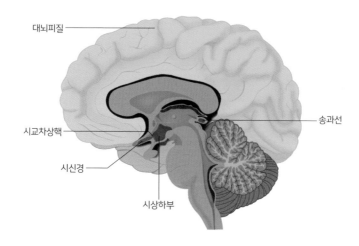

대뇌피질

송과선

시교차상핵

시신경

시상하부

· 상향성 망상체 활성계 ·

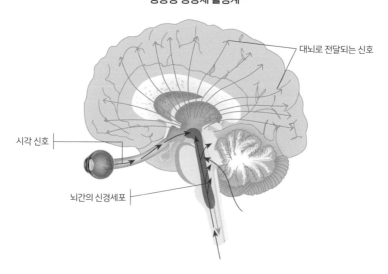

대뇌로 전달되는 신호

시각 신호

뇌간의 신경세포

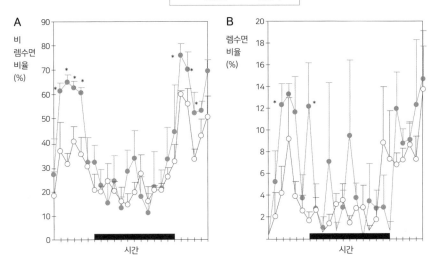

시삭 전 영역에 손상을 입은 경우 비 렘수면과 렘수면 모두 줄어들며 전반적으로 잠을 잘 자지 못한 것을 알 수 있다

1910년대에 밝혀냈다.

그는 수면 장애를 가지고 있는 환자들의 뇌를 연구하여 각성 상태를 유지시키는 회로를 찾아냈다. 이것을 ARAS(Ascending reticular activating system, 상향성 망상체 활성계)라고 부른다. 이 회로는 뇌간에 있는 신경세포로부터 출발한다. 뇌간은 아세틸콜린을 비롯한 신경 전달 물질을 분비하며, 시상하부를 거쳐 뇌의 나머지 영역에 각성 상태를 유지하도록 하는 신호를 전달한다. 뇌 전반에 걸쳐 각성 상태를 유지하도록 신호를 보내는 관제탑이라고 볼 수 있다.

또 다른 중요한 영역은 '시삭 전 영역'이라 불리는 곳이다. 콘스탄틴은 이 부분에 손상을 입은 환자들이 불면증에 시달리는 것을 발견했다. 나중에는 쥐에게서도 이 영역에 손상을 입히면 잠들지 못하고 계속 깨어 있는 것이 관찰됐다. 이곳이 잠에 빠져들게 하는 주요 역할을 하는 영역이었던 것이다. 마취제로 사용되는 아이소플루레인이나 할로세인이 작용하는 영역이 바로 이곳, 시삭 전 영역이다.

이 영역의 신경세포들은 뇌간을 향해서 뻗어 있는데, 뇌간에서 출발하여 ARAS회로를 구성하는 세포들에 닿아 있다. 시삭 전 영역의 신경세포들은 뇌간의 ARAS회로를 억제함으로써 뇌가 각성 상태를 유지하지 못하게 하고, 잠들도록 만드는 것이다.

이때 시삭 전 영역이 뇌간을 일방적으로 억제하는 작용을 하는 것이 아니라, ARAS를 구성하는 세포 역시 시삭 전 영역의 세포들에 영향을 미칠 수 있다. 즉 이 두 영역이 서로에게 영향을 미치며 각성 상태와 수면 상태 사이의 균형을 조절하는 것이다.

마취와 잠은 다르다

■

의사들은 마취 상태에 놓인 뇌는 잠든 뇌보다 혼수상태에 빠진 뇌에 가깝다고 말한다. 물론 마취된 정도에 따라 차이가 있겠지만, 뇌파는 확실히 잠든 뇌보다 혼수상태에 빠진 뇌와 더 가까운 게 사실이다. 하지만 혼수상태와 다른 점은, 마취는 사용되는 약물의 효과가 사라지게 하는 방법을 잘 알고 있는 전문의에 의해 이뤄지기 때문에 위험하지 않다는

잠이 부족한 당신에게 뇌과학을 처방합니다

것이다.

　자연스럽게 잠이 드는 것과 약물을 이용해 마취에 빠지는 것은 신경계 등에 영향을 미치긴 하지만 그 강도나 방식에 큰 차이가 있으며, 신체와 뇌, 신경계에 나타나는 결과 역시 매우 다르다. 흔히 병원에서 수술을 하기 위해 환자를 마취하면 '잠들었다'는 표현을 쓰지만, 마취되는 것과 잠이 드는 것은 엄연히 다른 현상이다.

술이 센 사람은 마취가 잘 안 된다?

'술이 센 사람은 마취가 잘 되지 않는다'는 말을 들어본 적이 있는가? 술 취한 상태와 마취되어 있는 상태는 어떤 차이가 있을까? 상황을 조금 더 구체적으로, 수면 내시경이나 수술을 위해 마취제를 투여받았다가 마취에서 완전히 깨어나기 전인 사람을 생각해보자. 의식이 있는 듯 말도 하고 움직임도 있지만, 자신이 하는 말의 내용이나 몸의 움직임을 100% 의식적으로 통제하는 것처럼 보이진 않는다. 이 경우와 술에 취한 경우 모두 시간이 지나 의식이 완전히 회복되었을 때, 자신이 했던 말이나 행동을 완벽하게 기억하지도 못한다는 점은 비슷해 보이기도 한다.

술에 취한 상태와 마취제에 '취한' 상태가 비슷해 보이는 걸 보면(이걸 보라. 심지어 마취에서 완전히 깨어나지 않은 사람을 보고 마취제에 '취했다'는 표현을 쓰기도 한다!), 왠지 술과 마취제가 인체에 비슷한 영향을 끼칠 수도 있을 것 같다는 생각도 든다. 술과 마취제는 정말 우리 몸에 비슷한 영향을 주는 걸까? 만약 그렇다면 혹시! 술을 마셔도 잘 취하지 않는 사람은 마취도 잘 되지 않을 수 있는 것 아닐까?

술의 주요 성분인 에탄올은 신경세포의 작용을 억제하는 효과가 있다. 신경신호가 전달되는 속도를 느리게 하고, 반응의 세기도 약하게 만

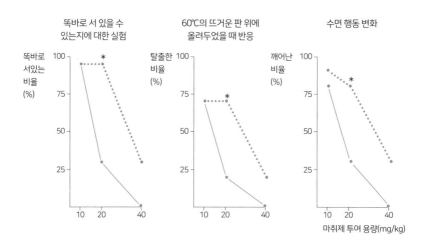

똑바로 서 있을 수 있는지에 대한 실험

60℃의 뜨거운 판 위에 올려두었을 때 반응

수면 행동 변화

똑바로 서있는 비율 (%)

탈출한 비율 (%)

깨어난 비율 (%)

마취제 투여 용량(mg/kg)

꾸준히 알코올을 투여했던 쥐의 경우, 마취제에 대한 반응이 더 높은 용량에서 나타나기 시작했다.

든다. 다양한 마취제의 효과 역시 이와 비슷하다. 신경계의 작용을 억제시키고, 그 결과로 의식을 흐리게 하고 진정상태로 빠져들게 한다. 에탄올과 마취제의 구조나 뇌, 신경계에서 작용하는 곳, 기작까지 자세히 살펴보면 당연히 차이가 있지만, 효과를 봤을 때 비슷한 점이 있는 것이다. 그래서인지 예전에는 술을 많이 마시는 사람의 경우 마취시키는 데는 물론 마취 상태를 유지시키는 데에도 훨씬 더 많은 양의 마취제가 필요하다고 여겨지기도 했다.

평소에 술을 많이 마시는 사람은 알코올을 분해하는 효소가 활성화되어 있다. 알코올을 분해하는 효소는 마취제에도 일부 작용할 수 있다.

마취제에 알코올과 비슷한 성분이 있기 때문인데, 술을 많이 마시는 사람은 이 효소가 이미 몸속에 많이 존재하고 있어서 마취제가 몸에 들어왔을 때 술을 마시지 않는 사람에 비해 더 빠르게 분해가 일어날 가능성이 높다. 약이 다 분해되어버리면 체내에서 목표로 한 작용을 일으킬 수 없다. 즉 같은 마취 효과를 보기 위해 더 많은 양의 마취제가 필요하게 된다. 이와 같이 하나의 약물에 대한 내성이 그와 비슷한 구조나 성분을 가진 다른 약물에 대해서도 효과를 발휘하는 현상을 '교차 내성'이라고 한다.

여러 종류의 마취제 중 할로세인의 경우 알코올에 대한 교차 내성이 실제로 확인된 바 있다. 알코올을 투여하지 않은 쥐와 오랜 기간 동안 알코올을 꾸준히 투여한 쥐, 또 오랫동안 알코올을 투여하다가 일정 기간 알코올 투여를 중단한 쥐에게서 마취제의 효과가 어떻게 다르게 나타나는지를 확인한 연구도 있다. 이 연구 결과에서 할로세인이라는 약물의 경우 알코올을 오랫동안 투여받은 쥐에게는 비슷한 반응을 나타내기까지 더 많은 양이 필요했다. 이런 현상은 알코올을 투여받다가 일정 기간 중단한 쥐에게서도 비슷하게 나타났다.

술을 많이 마실수록 술의 성분인 알코올을 대사하는 효소가 많이 만들어질 수밖에 없고, 초반에 분해 작용이 빠르게 일어나 술에 쉽게 취하지 않는다고 생각하기 쉬워진다. 이렇게 술을 많이 마시는 사람의 경우 마취가 잘 안 될 수도 있다는 것보다 중요한 사실은, 수술 후에 부작용이 나타날 가능성이 매우 높아진다는 사실이다. 또한 술을 많이 마셔온 사람이라면 일정 기간 술을 줄이거나 끊었다고 하더라도 체내의 효

잠이 부족한 당신에게 뇌과학을 처방합니다

소양이 곧바로 변하지 않기 때문에, 술을 많이 마시고 있는 사람과 다를 바 없는 신체 반응이 나타날 수 있다.

난 잠에 아주 푹 빠져들고 또 오랫동안 자요.
노인들은 이미 오랫동안 잠을 많이 자뒀고
또 영원히 잠들 준비를 해야 하니까.

– 움베르토 에코(기호학자)

And so I fell devoutly asleep and slept a long time,

who have already slept so much and are preparing

to sleep for all eternity.

- Umberto Eco

8

나이와 잠

A｜엄마, 왜 이렇게 일찍 일어났어? 안 그래도 낮에 전화하려고 했는데, 눈 뜨자마자 메시지 온 거 보고 엄마 일어나 계시구나 하고 전화했어요.

엄마｜엄마 요새 새벽 4시면 깨. 밤에 잠도 깊이 안 들고. 이번 주말에 집에 오니?

A｜응, 가야지! 요즘 잠을 잘 못 주무시는 거예요?

엄마｜나이 드니까 아침잠이 점점 없어지는 거지, 뭐. 피곤하거나 하지도 않아. 그냥 일어나는 시간이 일러지는 거야.

A｜정말? 나는 아직도 아침에 못 일어나겠는데…….

엄마｜아직도가 아니고 아직 젊어서 그런 거지. 엄마도 최근에야 그렇지 50대 초반까지는 아침에도 잘 잤어. 걱정 말어. 너 어릴 때 생각해 봐, 할머니도 새벽에 잠 안 온다고 일어나셔서는 산보 갔다 오시고. 기억나지? 나이 들면 원래 점점 잠이 없어지는 거야.

나이가 들면 잠이 줄어든다는 말이 생소하지 않다. 하지만 아무리 아침잠이 없어졌다고 해도 새벽 4시에 눈이 뜨이는 건 지나치게 이른 것 아닌가? 나이가 들수록 신체에 여러 가지 변화가 생기는 것처럼, 잠을 자는 시간에도 변화가 생길까?

실제로 나이가 들수록 잠들고 깨어나는 시각, 잠의 깊이와 지속 시간, 수면의 질과 패턴까지 모두 변한다. 이는 연령에 따라 노출되는 사회, 문화적 환경이 달라지기 때문이기도 하지만, 신체와 정신이 발달하는 과정에서 나타나는 변화이기도 하다. 이 변화를 막을 수는 없기 때문에 최대한 좋은 방향으로 달라질 수 있도록 해야 한다. 또 변화가 생기더라도 당황하지 않고 잘 적응하는 것이 최선이다.

나이가 들수록 정말 잠이 줄어들까?

잠을 너무 오래 자는 사람을 보고 '마치 신생아처럼 잠을 잔다'고 말하기도 한다. 갓 태어난 아기는 하루 평균 20시간 가까이 잠을 자며 보낸다. 그러다가 4세가 될 때까지 12~14시간 정도로 줄어들고, 이후 유년기를 지나면서 점점 더 줄어든다. 청소년기에 접어들면 하루에 약 9시간을 자는 것으로 최적의 컨디션을 유지할 수 있다. 성인이 되고 나서 중년까지는 하루에 8시간 정도 자는 것이 적당하다.

잠이 부족한 당신에게 뇌과학을 처방합니다

· 연령대별 일일 권장 수면 시간 ·

연령대	수면 시간
신생아 (0~2 개월)	12~18 시간
영아 (3~11 개월)	14~15 시간
유아 (24~36 개월)	12~14 시간
어린이 (3~5 세)	11~13 시간
어린이 (5~10 세)	10~11 시간
청소년 (10~17 세)	8.5~9.25 시간
성인	7~9 시간

많은 사람이 자신은 7시간보다 적게 자도 괜찮다고 말하지만, 생물학적으로 보면 인류의 10% 정도만이 이 7시간보다 적게 자도 되는 체질을 가졌다고 한다. 그러니 평균 시간보다 적게 자도 괜찮다고 하는 사람들은 아마 자신의 실제 수면 시간을 정확히 파악하지 못하고 있을 가능성이 높다. 오랜 시간 계속해서 잠을 적게 자면 굉장한 피로감을 느낄 것이다. 혹은 그보다 젊었을 때는 8시간 가량 자야지만 정상적인 컨디션을 유지할 수 있었으나, 자신과 비슷한 나이의 사람들보다 조금 먼저 잠이 줄어들고 있는 것일 수도 있겠다. 신생아 때부터 나이가 들어감에 따라 필요로 하는 잠의 시간이 점점 줄어든다는 게 정말 사실이라면 말이다. 영유아기를 지나고 청소년기를 거쳐 성인이 될 때까지 필요한 잠의 양이 점점 줄어드는 것은 분명한 사실이지만, 여기서 헷갈리면 안 되는 부분이 있다. 성인이 된 이후부터는 잠자는 시간이 더 이상 줄어들지 않는다는 사실이다. 즉 노인들도 20대와 마찬가지로 하루에 최소 8시간의 잠을 자야 한다. 필요한 수면 시간을 비교해봤을 때, 노인이 되면 잠

이 줄어든다는 말은 거짓이었다.

수면 습관은 자라면서 완성된다

■

갓난아기는 산발적으로 잠을 잔다. 아기를 자게 하는 것은 밤낮의 구분이 아니다. 이들이 잠에서 깨는 때는 배가 고플 때이고, 잠을 잘 때는 배가 고프지 않은 때이다. 갓난아기에게 필요한 것은 오로지 잠과 밥뿐이다. 그 외의 것을 하기 위한 시간은 전혀 필요하지 않다. 이렇게 아기가 잠들고 깨는 주기는 소화가 되는 주기, 기본적인 신체 활동을 위한 에너지가 필요한 주기와 같다고 볼 수 있다. 보통 3~4시간을 주기로 잠

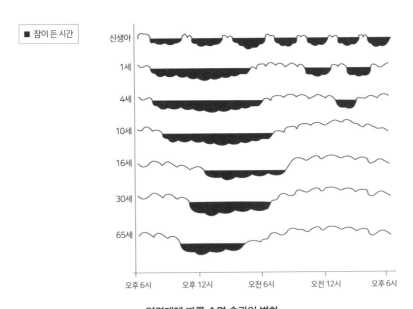

· 연령대에 따른 수면 습관의 변화 ·

잠이 부족한 당신에게 뇌과학을 처방합니다

을 자고 깨기를 반복하는데, 이 상태는 생후 3~4개월까지 지속된다.

이때가 지나면 신생아들은 조금씩 잠을 자는 습관을 들이게 된다. 잠자는 습관을 들인다는 것은, 한 번에 좀 더 길게 잠을 자기 시작한다는 뜻이다. 잠자는 습관이 어느 정도 든 아기들은 낮에 2~3시간 정도 낮잠을 자고 밤 시간 동안 일정하게 잠을 자게 된다. (갓난아기를 둔 부모님의 환호성이 들리는 듯하다!) 유년기를 거치는 동안 아기는 점점 밤에 자는 시간을 늘리고, 낮잠의 시간과 횟수는 줄여나가며 수면 습관을 완성한다.

만 6~7세 정도가 되면 대부분의 아이는 낮잠을 자지 않는다. 이때부터 성인이 될 때까지 대부분 낮에는 자지 않고 밤에 긴 시간 동안 한 번 잠을 자는 수면 습관을 가지게 된다.

나이마다 다른 수면 단계와 주기

■

나이에 따라 잠자는 시간뿐 아니라 잠의 구성도 달라진다. 아기 때는 서파수면과 렘수면이 각각 절반 정도씩을 차지하는데, 나이가 들수록 두 단계의 길이는 모두 짧아진다.

렘수면 단계는 잠의 단계 중 특히 꿈을 꾸는 시간이라고 알려져 있다. 꿈을 꾼다는 것은 뇌에서 신경세포의 활성이 매우 높아진다는 것을 의미한다. 이때 '시냅스'라고 불리는 신경세포들 사이의 연결을 발달시키는 활동이 매우 활발하게 일어난다. 시냅스의 발달 정도는 중추신경계의 발달 정도를 그대로 반영하기 때문에, 렘수면 단계는 두뇌의 발달이 이루어지는 단계라고도 여겨진다. 신경세포가 매우 활발하게 생성되고 발달되는 어린아이의 경우 렘수면 동안 뇌가 발달하는 정도가 두드러진다. 실제로 신생아나 어린아이들은 잠을 자는 전체 시간의 절반 정도를 렘수면으로 보낸다. 이는 어른의 잠에서 렘수면이 차지하는 시간보다 두 배 정도 길다. 렘수면의 비율은 만 4세 때부터 확 줄어들어 이때부터 성인과 비슷하게 전체 잠자는 시간의 20~25%만을 렘수면으로 보내게 된다. 이 비율은 계속 유지되다가 노년기에 접어들면 15% 정도까

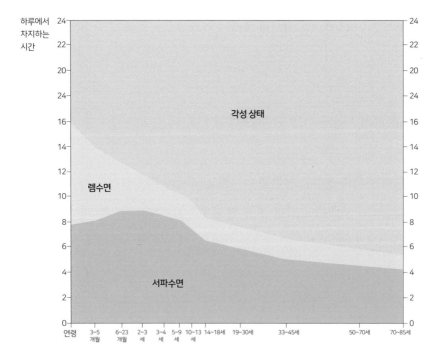

나이에 따른 잠의 구성 변화. 나이가 들수록 렘수면과 서파수면의 길이가 짧아지다가 노년기가 되면 두 단계 모두 매우 짧아지면서 '잠의 조각화'가 일어난다.

잠이 부족한 당신에게 뇌과학을 처방합니다

지 줄어든다.

렘수면과 비 렘수면이 반복되는 주기도 나이에 따라 크게 달라진다. 성인의 경우 평균 90분을 주기로 렘수면과 비 렘수면이 반복되지만 어린이의 경우 그 반복 주기가 50분 정도로 짧다.

또 성인의 경우 렘수면 동안에는 근육이 이완되어 팔다리가 움직이지 않는 데 반해 어린이들은 이 같은 작용이 제대로 일어나지 않는다. 렘수면 동안 나타나는 근육 이완 현상은 생후 6~12개월 정도부터 온전히 나타나기 시작한다. 따라서 생후 6개월 미만인 아기들의 경우 렘수면 동안 뇌의 활동이 활발하게 일어나는 동시에 팔다리 역시 크게 움직일 수 있다. 어떨 때는 이 팔다리의 움직임이 너무 심해 아기가 잠에서 깨기도 한다.

· 수면 중 측정된 근육의 움직임 정도 ·

연령	렘수면	비 렘수면
2~3주	0.76	0.36
7~11주	0.79	0.35
5~10개월	0.50	0.24

아기가 태어난 뒤 주수에 따라 잠을 자는 동안 나타나는 근육 움직임의 불안정한 정도를 비교해 보면, 최소 5개월이 지나서야 근육 움직임이 안정화되는 것을 볼 수 있다.

어린이의 수면 주기에서 렘수면의 나머지 절반을 차지하는 것이 서파수면이다. 꿈을 꾸지 않고 깊은 잠을 자는 서파수면 시간은 일종의 회복 시간이다. 나이가 들면서 점점 그 시간이 짧아지고 횟수도 줄어드는 데, 노년기가 되면 서파수면 시간이 매우 짧고 횟수도 적어져 깊은 잠을 못 자게 된다. 뿐만 아니라 얕은 잠밖에 잘 수 없게 되므로 중간에 쉽게 깨기도 한다. 잠의 '조각화'가 일어나는 것이다. 또 비 렘수면 단계는 면역계의 활성화에도 중요해서 비 렘수면 시간이 감소하는 것 때문에 노인들이 질병에 더 쉽게 걸린다는 의견도 있다.

10대에게는 있고 60대에겐 없는 것은?

■

10대에게는 있고, 60대에게는 없는 것은 무엇일까? 바로 '아침잠'이다.

잠드는 시각과 깨어나는 시각은 체내의 일주기 리듬을 조정하는 생체 시계에 의해 정해진다. 생체 시계의 작용은 신체의 발달 단계와 연관되어 변한다. 10대에 접어들면 생체 시계의 작동이 약간 늦춰지는데, 이 때문에 자고 일어나는 시각이 점점 늦어진다. 청소년이 밤에 늦게 자고, 아침 등교 시간에 맞춰 일어나기 어려워하는 데 생물학적 이유가 있다고 볼 수 있다. 아침에 일찍 일어나기 위해 일찍 잠자리에 든다 하더라도 생체 시계의 작동에 맞춰 뇌와 신체가 실제 잠에 빠져드는 건 더 늦은 시각이다. 때문에 등교를 위해 아침 일찍 일어나는 청소년들은 대부분 충분한 양의 잠을 자지 못하기 쉽다. 또 저녁 시간 동안 인공적인 실내 조명에 노출되면 눈을 통해 들어오는 빛의 양에 반응하는 생체 시계가 교란되기 때문에, 뇌가 실제 시간보다 더 이른 시각이라고 느끼게 만들어 잠드는 시각은 더더욱 늦어진다. 이게 끝이 아니다. 주중에 자지

잠이 부족한 당신에게 뇌과학을 처방합니다

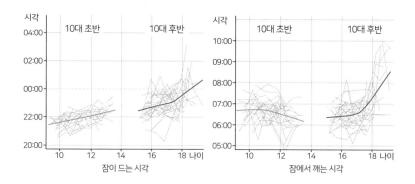

못했던 것을 주말에 몰아서 자려고 하면, 불규칙적인 수면 습관으로 인해 생체 시계는 더욱 흐트러진다.

이와 반대로 노년기에 접어들면 생체 시계가 앞당겨진다. 젊었을 때보다 일어나는 시간이 몇 시간 정도 앞당겨지는 것이다. 노인들이 소음이나 환경 변화에 더 민감해지는 것도 잠에서 잘 깨는 게 원인일 수 있다. 그 밖에 만성적인 질병이나 질병 때문에 섭취하는 약물이 있다면 그 영향도 있을 것이다. 게다가 나이가 들면 잠에 빠져드는 시간은 길어지는데, 나이가 들수록 멜라토닌이 합성되고 분비되는 양이 줄어들기 때문이다.

잠에는 '황금기'가 있다

■

일생에서 잠을 자기에 가장 좋은 '황금기'가 있을까? 있다면 언제일까? 사회적 문화적 환경 변화와 몸이 요구하는 적절한 수면 시간을 모두 고려했을 때 유년기의 후반부가 황금기가 아닐까 생각된다. 10대에 접어들면 학교 생활이 시작되고, 그 이후로는 사회 생활이 이어지면서 원하는 시간대에 원하는 만큼 잠을 자는 것을 방해하는 요소가 차츰 늘어난다. 성인 10명 중 7명이 스스로 수면의 질이 나쁘다고 생각한다는 조사 결과도 있다.

나이가 들면 신체적 문제도 잠을 방해한다. 여성의 경우 생리 주기 때문에 수면을 방해받는다고 하는 사람이 절반 가까이 된다. 또 임신한 여성의 75%가 잠을 자는 데 불편함을 호소하고 있으며 폐경기가 찾아오는 중년 여성들은 갑자기 전신에 열감이 느껴지는 증상으로 인해 잠을 푹 자지 못하는 경우도 있다.

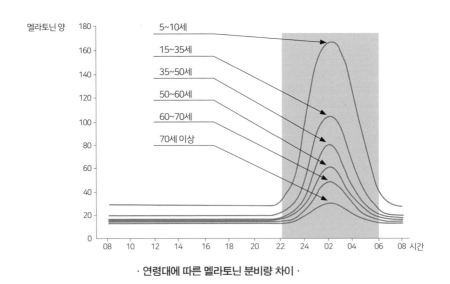

· 연령대에 따른 멜라토닌 분비량 차이 ·

· 잠이 부족한 당신에게 뇌과학을 처방합니다

이 밖에 노인들에게 많이 나타나는 관절염, 울혈성 심부전증, 역류성 식도염, 호흡기 질환, 우울증 등 다양한 만성 질환 역시 불면증을 일으키거나, 불면증까지는 아니더라도 깊은 잠에 빠지는 것을 방해하고 수시로 깨는 원인이 되기도 한다. 실제로 2003년 미국수면재단에서 실시한 설문조사에서 노년 인구의 절반 가까이가 일주일에 한두 번 이상 불면증을 겪는다고 대답했다.

배 속에 있는 태아도 잠을 잔다. 그러니 잠은 세상에 태어난 뒤 어떤 필요에 의해 발달되는 습관 같은 것이 아니라 날 때부터, 아니 나기 전부터 존재하는 몸의 생리적이고 자연스러운 요구다. 그러니 잠에 대해 더 이해하고 적절한 시간 동안 질 좋은 잠을 자는 것이 좋겠다.

· 노년기의 수면 장애 빈도 ·

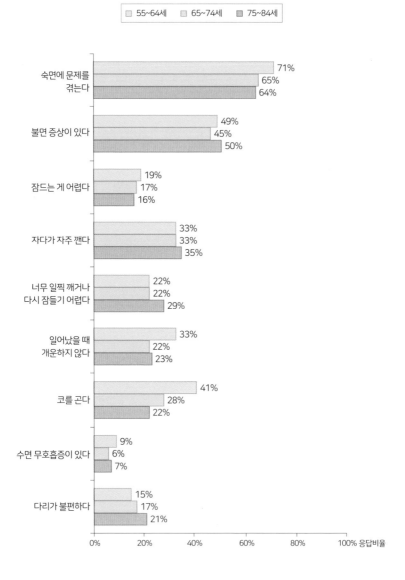

잠이 부족한 당신에게 뇌과학을 처방합니다

나이에 따라 자는 자세도 달라진다?

나이에 따라 잠을 자는 시간, 잠의 구성 등이 변화하는 것처럼 혹시 잠을 자는 자세도 달라질까? 어렸을 때 본인이 잘 때 취했던 자세가 기억나는 사람은 드물지도 모르겠다. 하지만 어린 동생이나 조카가 있다면 이들이 잠자는 모습을 자신이나 조부모님의 자세와 비교해보자. 의외로 재미있는 발견을 할 수 있을지 모른다.

잠을 자는 자세는 성격이나 주로 쓰는 손의 방향 등의 영향을 받는다는 얘기도 있지만, 과학적 근거가 충분한 주장은 아니다. 1992년에 이루어진 한 연구에서는 3~5세, 8~12세, 18~24세, 35~45세 그리고 65~80세의 다섯 그룹으로 실험 참가자를 나누어 자는 동안 머리와 몸통, 팔과 다리의 자세가 어떻게 달라지는지를 관찰했다.

그 결과 영유아의 경우 옆으로 자는 비율과 똑바로 누워 자는 비율이 비슷하고, 엎드려 자는 경우가 조금 더 낮았다. 나이가 들수록 오른쪽을 보고 자는 비율이 늘어났다. 왼쪽으로 누워 자는 경우와 비교했을 때 그 차이는 35~45세 때부터 확연하게 벌어지기 시작했다.

엎드려 자는 비율은 65~80세 그룹에서 거의 0에 가깝게 떨어졌다. 아마도 나이가 들면서 척추의 유연성이 떨어지는 데다 또 엎드리면서 흉부가 압박되면서 편안하게 호흡하는 것이 어려워진 탓이라고 생각된다.

· 연령대별 잠자는 자세 비율 ·

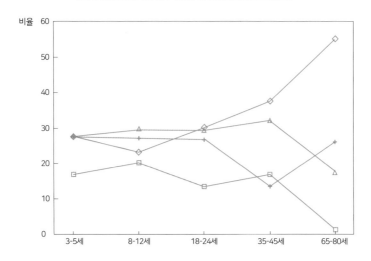

나이가 들수록 엎드려 자는 경우가 거의 없어졌고, 오른쪽을 보고 자는 경우는 굉장히 많이 늘어났다.

그런데 왜 하필 사람들은 왼쪽보다 오른쪽으로 누워 자는 경우가 많을까? 이 실험에 참가한 사람들은 모두가 오른손잡이였다고 한다. 오른손잡이의 경우 오른쪽, 왼손잡이의 경우 왼쪽으로 누워서 자는 경우가 더 많았다는 보고도 있다. 하지만 이 연구 결과를 보면 8~12세의 경우 왼쪽으로 자는 비율이 오른쪽으로 자는 비율보다 약간 더 높았고, 35~45세 그룹에서 급격히 떨어졌던 왼쪽으로 자는 비율은 65~80세 그룹에서 다시 높아진다. 앞서 말한 보고 내용처럼 실험 참가자들이 오른손잡이여서 오른쪽으로 자는 비율이 현저히 높았던 것이라면 이 같은

잠이 부족한 당신에게 뇌과학을 처방합니다

변화 없이 일정한 추세로 오른쪽으로 자는 비율만 매우 높아졌어야 한다. 즉 오른손잡이라서 오른쪽으로 자는 비율이 높았던 것은 아니라는 얘기다.

또 한 가지 알아둬야 할 점은 오른손잡이가 오른쪽, 왼손잡이가 왼쪽으로 더 많이 자는 것을 관찰했다는 연구에서, 사람들 대부분이 잠이 든 뒤에는 몸을 뒤집어 방향을 바꾸었다는 사실이다. 또한 한 설문조사에서 잘 때 어떤 방향으로 누워서 자는지 물어본 결과 대부분의 사람들이 오른쪽으로 잠든다고 답하기도 했다. 아마도 어떤 방향으로 누워서 자는가가 중요하다기보다, 근육의 움직임이나 긴장 상태로부터 오는 신호가 잠에 빠져드는 데 일정 부분 기여를 하기 때문에 이런 자세 변화가 관찰된다고 보는 것이 더 맞겠다. 항상 같은 방향으로 잠을 자는 아이들의 경우 잠이 더 쉽게 든다는 보고도 있는데, 이를 보면 근육이 기억하는 습관적인 자세, 그래서 더 익숙하고 편하다고 느껴지는 자세가 있으며 그 자세를 취할 때 더 쉽게 잠에 빠져드는 것은 아닐까.

잠자는 자세가 나이에 따라 어떻게 변하는지에 대한 연구는 이 밖에도 여럿 있다. 하지만 인종에 따라서나 범인구적인 표본을 대상으로 수행하기에는 어려움이 많아서 대부분 한정된 특징을 가지는 집단을 대상으로 한 결과가 많다. 따라서 그 결과를 일반화해서 해석하는 데는 무리가 있다는 것도 염두에 두어야 한다.

누구든 맥주를 마시는 자는 즉시 잠에 들 것이다.
누구든 오랫동안 잠을 자는 죄를 짓지 않는 자다.
누구든 죄짓지 않는 자는 천국에 들 것이다!
그러므로 우리 맥주를 마시세! – 마르틴 루터(신학자)

Whoever drinks beer, he is quick to sleep,

whoever sleeps long, does not sin,

whoever does not sin, enters Heaven!

Thus, let us drink beer! - Martin Luther

9

음식과 잠

A ¦ 요즘 봄도 아닌데 오후만 되면 너무 졸리네.

B ¦ 팀장님 식곤증 생기셨나 보다.

A ¦ 에이, 난 식곤증 안 믿어. 춘곤증이야 일조량이 변하니까 나타날 수 있다고 생각하는데, 식곤증은 의지의 문제 아닐까? 장에 뇌가 있는 것도 아니니까.

B ¦ 뇌는 머리에 있지만, 거기까지 연결된 신경은 장에 아주 예민하게 퍼져 있으니까요.

A ¦ 그렇네. 장에 있는 신경이 엄청 예민하다는 말 들어본 것 같다. 요 며칠 점심 회식하면서 좀 많이 먹었나 봐. 커피 한잔 마시러 가자!

건강하게 살기 위해서는 잠을 잘 자는 것뿐 아니라 음식도 잘 먹어야 한다. 사람이 살아가는 데 꼭 필요한 요소를 '의식주'라고 얘기하기도 하는데 이 표현에도 잠과 음식이 모두 담겨 있다. 여기서 '주'는 단순히 물리적 공간이나 부동산을 의미하는 것이 아니다. 집이라는 공간에서 우리가 할 수 있는 일, 즉 잠을 자고 편안하게 쉬는 것을 의미한다.

먹는 것과 자는 것이 건강하게 살아가는 데 중요한 요소라는 것은 알 겠는데, 이 둘이 어떤 관계가 있을까? 잠을 방해하는 음식 그리고 잠을 도와주는 음식에는 무엇이 있을까?

배부르면 졸려운 이유

■

흔히 식사를 하고 나서 졸음이 오는 현상을 '식곤증'이라고 부른다. 정말 밥을 먹으면 누구나 자연스레 잠이 오는 걸까? 아니면 유달리 잠이 많고 피곤한 사람에게만 나타나는 현상인 걸까?

신체 활동을 조절하는 신경계는 크게 부교감신경계(Parasympathetic nervous system)와 교감신경계(Sympathetic nervous system)로 구분된다. 이들은 서로 반대되는 역할을 하면서 길항 작용을 일으킨다. 부교감신경계는 심박수와 호흡을 느리게 하고 위장과 소화기관을 활성화시킨다. 교감신경계는 반대로 심박수와 호흡을 빠르게 하고 위장을 비롯한 소화기관의 활성을 떨어뜨리는 작용을 한다. 이 신경계는 우리가 의식적으로 그 활성을 조절할 수 있는 것이 아니라 자율적으로 몸이 필요하다고 판단될 때 활성화된다.

음식을 섭취하고 나면 부교감신경계가 활성화된다. 그럼 소화기관도 활성화되면서 몸이 전체적으로 휴식을 취하기 위해 준비한다. 심박수가 느려지고 호흡수도 낮아지며 이자, 간, 위장, 소장, 대장에서 소화액 분비가 더 활발해진다. 또 이곳으로 가는 혈액의 양이 증가한다. 즉 각성 상태를 유지하기보다 정신이 이완된다는 말이다. 또 의식적으로 움직이고 행동하기보다 자율적으로 일어나는 신체 활동에 에너지를 집중하기 좋은 상태가 된다는 것을 의미한다. 잠에 빠져들기 딱 좋은, 피곤하고 졸린 상태라고 볼 수 있겠다.

그런데 여기서 한 가지 의문이 든다. 사람이 음식을 섭취하는 목적은 그것이 육체적이든 정신적이든, 활동을 하기 위한 에너지를 얻기 위함이다. 그런데 식사를 하고 나서 다른 활동을 하지 못하는 방향으로 몸에 변화가 온다니, 좀 말이 안 되는 것 같지 않나?

실제로 음식을 먹고 나서 식곤증이라고 느낄 정도로 심하게 피로감이 오는 경우는 식사를 너무 많이 한 경우가 대부분이다. 너무 많이 섭취한 음식을 소화하기 위해 소화기관이 무리하게 활성화되면 심한 졸음이 쏟아지는 것이다. 그러므로 식곤증은 밥 먹고 찾아오는 자연스러운 현상이라기보다 과식을 했다는 증거라고 볼 수 있다.

인정하고 싶지 않은가? 한편에서는 식곤증이 생체 리듬의 기능 때문이라는 주장도 있다. 사람의 몸에는 24시간에 맞춰 신체 활동을 조절하는 생체 리듬이 있는데, 이에 따라 자연스럽게 하루 중 두 번의 시간대에 피곤함을 느끼게 된다는 것이다. 그리고 그 시간대가 오전 2시와 오후 2시 즈음이라서 마침 점심 식사를 하고 난 이후에 잠이 쏟아진다는 말이었다. 하지만 왜 하필 이 시각에 피곤함을 느끼는가에 대한 명확한 설명은 아직 들어보지 못했다. 나 역시 식곤증이 심한 편이니 혹시 이에 대한 설명을 듣게 된다면 공유해주시길.

배고프면 잠이 안 오는 이유

■

저녁을 너무 일찍 먹었거나 너무 적게 먹은 날, 배가 고파 잠이 오지
않았던 경험이 있을 것이다. 배가 고프면 왜 잠이 안 오는 걸까? 2010년
워싱턴 대학교의 매튜 팀건(Matthew S. Thimgan)과 동료 연구진은 초파
리를 이용해 배고픔과 각성 상태의 관계를 밝혔다. 이들의 연구 결과에
따르면 굶은 초파리가 먹이를 충분히 먹은 초파리에 비해 더 오랫동안
잠들지 못하고 각성 상태를 유지했다.

연구진은 초파리의 수면 시간 변화를 더 명확하게 관찰하기 위해 야
생형 초파리보다 유전형 초파리(Cyc01)를 이용했다. 야생형 초파리에

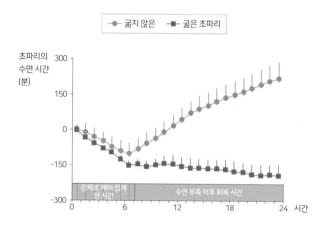

잠이 부족한 당신에게 뇌과학을 처방합니다

비해 수면 부족 상태에 더 민감하게 반응하는 이 유전형 초파리를 두 무리로 나눈 뒤, 한 무리는 음식을 충분히 먹이고 다른 무리는 굶기며 7시간 동안 자지 못하게 했다. 그 결과, 음식을 먹인 초파리의 경우 수면 방해를 멈추자마자 긴 시간 잠을 자기 시작했다. 반면 음식을 먹이지 않은 초파리의 경우 이처럼 길게 자는 반응을 보이지 않았다. 아무리 오랫동안 잠을 자지 못했더라도 배가 고프자 각성 상태가 유지되었던 것이다.

이렇게 배가 고프면 잠을 잘 못 자는 까닭은 생존과 연관된 본능 때문이다. 생명을 유지하기 위한 생체 활동이 이뤄지려면 에너지가 필요하다. 그 에너지는 우리가 먹는 음식으로부터 얻어진다. 즉 배가 고프다는 건 생체 활동을 위한 에너지가 부족하다는 뜻이다. 진화적으로 동물에게 가장 필요한 것은 에너지원을 구하는 것이고, 이를 위해 사냥이나 채집 같은 활동을 하기 위해서는 피곤에 지쳐 잠들어선 안 되었다.

뇌에서 일어나는 일을 좀 더 자세히 살펴보자. 오렉신이라는 물질이

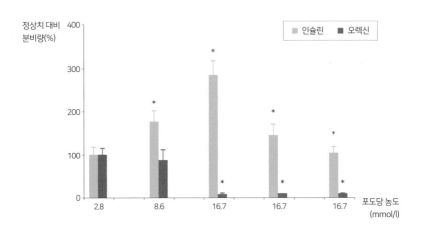

보인다. 시상하부에서 분비되는 물질인 오렉신은 잠과 배고픔을 조절하는 데 관여한다고 알려져 있다. 오렉신이 많이 분비되면 각성 상태가 유지되고 신체 활동이 활발해진다. 반대로 오렉신이 적게 분비되면 움직임이 둔해지고 잠이 오게 된다.

오렉신을 분비하는 세포들은 뇌가 사용하는 에너지원인 포도당의 농도에 반응한다. 포도당의 농도가 높으면 오렉신을 분비하는 세포의 활성이 떨어진다. 반대로 배가 고픈 상태, 즉 포도당의 농도가 낮은 상태에서는 오렉신을 분비하는 세포가 활성화되면서 각성 상태가 유지된다. 음식, 특히 당 섭취로 달라지는 체내 포도당의 양에 따라 오렉신이 각성 수준을 조절하는 것이다.

잠을 돕는 음식

생체 리듬을 조절하고 숙면을 돕는 주요 호르몬은 '멜라토닌'이다. 멜라토닌은 체내에서 트립토판이라는 아미노산으로부터 몇 단계를 거쳐 만들어진다. 음식으로부터 공급될 수 있는 트립토판은 체내에서 특정 효소에 의해 세로토닌이라는 물질로 바뀌고, 다른 효소의 작용으로 다시 몇 단계를 거쳐 멜라토닌으로 변한다. 재미있게도 세로토닌이 멜라토닌으로 변하는 과정에서 작용하는 효소는 생체가 빛을 받는 시간이 얼마나 되는가를 의미하는 광주기(光周期)에 의해 그 활성이 조절되는 것으로 알려져 있다.

잠이 부족한 당신에게 뇌과학을 처방합니다

$Ch_2-CH-NH_2$
$COOH$
트립토판
N
H

트립토판 수산화효소

$Ch_2-CH-NH_2$
$COOH$
S-수산화 트립토판
HO
N
H

방향성 아미노산
탈카르복실효소

$Ch_2-CH-NH_2$
세로토닌
HO
N
H

세로토닌-N-아세틸
전이효소(SNAT)

$Ch_2-CH-NH_2$
N-아세틸세로토닌
HO
N
H

수산화인돌-O-메틸전이효소
(HIOMT)

O
$CH_2-CH-NH-C-CH_3$
멜라토닌
H_3CO
N
H

　트립토판이 멜라토닌을 만드는 기본 구성 물질이기 때문에 이것이 함유된 음식을 먹으면 잠을 자는 데 도움이 된다고들 말한다. 실제로 트립토판이 풍부한 음식을 섭취한 경우 체내 멜라토닌의 양이 늘어나고 잠을 잘 자는 데도 도움이 되었다는 연구 결과가 있다.

　트립토판이 들어 있는 음식 중 하나가 우유다. 우유에는 단백질이 많

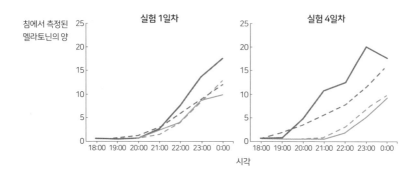

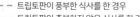

- - - 트립토판이 풍부한 식사를 한 경우	- - 낮 동안 더 밝은 빛에 노출된 경우
── 트립토판이 충분하지 않은 식사를 한 경우	── 어두운 곳에서 낮을 보낸 경우

침에서 측정된 멜라토닌의 양

실험 1일차 / 실험 4일차

시각

낮 동안 빛에 덜 노출된 경우 저녁에 더 많은 양의 멜라토닌이 분비되었다. 또 낮 동안 노출된 빛의 양이 비슷한 경우, 트립토판이 풍부한 식사를 한 사람에게서 많은 양의 멜라토닌이 분비되었다.

은데, 단백질을 구성하는 아미노산 중 트립토판도 함유되어 있다. 때문에 자기 전에 따뜻한 우유를 마시면 잠드는 데 도움이 되는 것이다. 이 밖에 트립토판은 견과류, 씨앗, 바나나, 꿀에도 많이 들어 있다고 알려져 있다. 물론 음식으로 섭취한 트립토판이 얼마나 멜라토닌으로 전환되는지 명확한 수치로 말하기 어렵고, 사람마다 차이가 난다는 사실을 염두해야 한다.

잠을 방해하는 음식

∎

잠이 오지 않아서 술을 마신다는 얘기를 들어본 적이 있을 것이다. 영어

잠이 부족한 당신에게 뇌과학을 처방합니다

표현 중에는 자기 전에 마시는 술 한 잔을 가리키는 말(Nightcap)이 있을 정도다. 정말로 이것이 수면에 도움을 줄까?

절대 아니다. 잠을 방해하는 대표적인 성분이 알코올과 카페인이다. 알코올은 렘수면 단계에 들어가는 것을 방해해서 잠이 들더라도 얕은 잠밖에 자지 못하게 만든다. 또 혈당량을 떨어뜨리고 수분을 빠져나가게 해 쉽게 잠에서 깨게 만든다.

하지만 잠을 방해한다는 사실이 무색하게, 오래전부터 사람들은 잠에 쉽게 들기 위한 방법으로 자기 전에 술을 마셔왔다. 이는 의학 지식이 부족했을 당시 몸의 긴장을 이완시키고 의식을 흐리게 하는 알코올의 효과를 보고 오해가 생겨서 한 행동이다. 술을 마시면 긴장이 이완되고 각성 상태가 완화되는 효과로 잠깐 동안은 잠들 수 있을지 모른다. 하지만 알코올의 궁극적인 효과는 오히려 그 반대라는 사실을 절대 잊어서는 안 된다.

카페인은 각성 효과를 내는 성분으로 잘 알려져 있다. 카페인은 커피, 차, 탄산음료에 많이 포함되어 있다. 또 밤을 새기 위해 마시는 에너지 드링크의 성분 역시 대부분 카페인이다. 에너지 드링크에는 카페인 말고도 아미노산과 설탕이 다량 함유되어 있는데, 이 세 가지 성분의 조합은 아주 짧은 시간 동안 각성 효과를 낸다. 하지만 그 효과가 사라진 후에는 오히려 엄청난 피로감을 가져다준다. 따라서 숙면을 취하기 위해서는 저녁 시간 이후에 카페인이나 알코올을 많이 섭취하지 않는 것이 좋다.

또 티라민이라는 아미노산이 많이 함유된 음식을 먹는 것도 잠을 방해할 수 있다. 티라민은 자연적으로 존재하는 20개의 아미노산 중 티로신이 변형된 물질이다. 티라민이 체내에 흡수되면 뇌를 자극해 각성 상태를 유지하게 하는 노르아드레날린(Noraderenalin)이라는 물질로 변하는데, 이 때문에 잠이 드는 것을 방해할 가능성이 있다. 티라민은 돼지고기, 치즈, 가지, 레드 와인 등에 포함되어 있다고 한다.

　그렇다면 잘 자기 위한 식습관이 따로 있을까? 자는 것과 먹는 것 모두 생존에 매우 중요한 활동이다. 편안히 잠들기 위해서는 배가 너무 고파서도 안 되지만, 너무 배부른 상태에서 자는 것도 건강한 수면 습관이 아니다. 잠과 식습관 사이에는 분명 관계가 있긴 하지만, 잠을 잘 자기 위한 식습관이 따로 있는 것은 아니다.

잠이 부족한 당신에게 뇌과학을 처방합니다

중국 음식을 먹으면 정말 더 졸릴까?

달콤하면서 짭짤하다. 매콤한 맛도 있고 해물이 들어간 종류도 있다. 집에서 인스턴트로 간단하게 해먹을 수도 있고, 전화 한 통이면 집까지 가져다주기도 한다.

배달 음식의 대표주자이며 간단한 주말 식사의 대명사. 바로 자장면이다. 간편하고 맛있고 그렇게 비싸지도 않은 음식인데, 이 음식에 무슨 문제가 있다고? 비단 자장면만이 아니다. 짬뽕, 탕수육을 포함한 중국 음식에 대한 얘기다.

바로 '중국 음식 증후군'이라는 현상인데, 중국 음식을 먹고 나면 괜히 더 졸린 것 같은 기분이 드는 것이다. 이런 현상은 1990년대 미국에서 처음 보고되어 사람들의 굉장한 관심을 끌었다. 차이나타운에서 중국 음식을 먹은 사람들에게서 이런 증상이 나타났는데, 한두 사람만의 이야기가 아니었던 거다. 사람들은 중국 음식에 어떤 문제가 있는 게 아닌가 의심하게 되었는데, 음식에 문제가 있었던 것은 다행히도 아니었다. 그럼 무엇이 문제였을까? 바로 인공감미료인 MSG가 문제로 지목됐다.

MSG는 인공적으로 합성한 글루탐산이다. 글루탐산은 자연적으로도 존재하는 아미노산 중 하나인데, 감칠맛을 느끼게 하는 성분이면서 신경계에서는 신경세포를 활성시키는 신호 전달 물질로 작용한다.

· 글루탐산과 MSG ·

HO의 구조식 이미지와 함께
글루탐산(Glu)

글루탐산 나트륨(MSG)

유전적, 환경적 요인 등의 이유로 MSG에 민감한 사람의 경우, 음식에 소량의 MSG만 있어도 신경계가 갑작스럽게 지나친 활성을 띠게 되면서 심장이 빨리 뛰고 땀이 흐르는 등의 증상까지 나타날 수 있다.

다시 처음의 질문으로 돌아가보자. 정말 중국 음식이나 MSG, 글루탐산이 졸음이 오게 만드는 걸까?

이에 대한 대답은, 어떤 사람에게는 그럴 수도 있다는 것이다. 하지만 중국 음식도 MSG도 글루탐산, 직접적으로 졸음을 유발하는 작용을 가지고 있다는 증거는 없다. 마치 어떤 사람에게만 증상이 나타나는 알레르기 반응과 비슷하다.

어쩌면 자장면을 시킬 때 탕수육이나 군만두 등 여러 음식을 같이 시키는 경우가 많다 보니 단순히 식곤증이 더 빨리 찾아온 것인지도 모르겠다.

잠이 부족한 당신에게 뇌과학을 처방합니다

낮잠은 육체의 죄와 같다.
누릴수록 더 갈망하게 되고 불행해지며
만족함과 동시에 다시 갈증하게 된다.

– 움베르토 에코(기호학자)

Daytime sleep is like the sin of the flesh,

the more you have the more you want, and yet you feel unhappy,

sated and unsated at the same time.

- Umberto Eco

10

낮잠

A ｜ 난 너처럼 회사 다니는 삶은 못 살 것 같아.

B ｜ 왜 갑자기 그런 생각이 들었어?

A ｜ 오늘 낮잠을 잤는데, 회사 다니면 원할 때 낮잠 자는 건 생각도 못 하잖아?

B ｜ 회사 다녀도 낮잠 잘 수 있을걸. 예전에 서울시청 공무원들한테 낮잠 시간을 준다는 얘기도 있었잖아. 요즘은 잘 보이지 않지만 점심 때 잠깐 눈 붙일 수 있는 수면 카페가 유행인 적도 있었고.

A ｜ 그렇긴 했지만 요즘은 많이 사라졌잖아. 낮잠 자는 게 문화인 나라가 아닌 이상 낮잠 재워주는 곳은 없는 것 같아. 어린이집 말고는.

B ｜ 낮잠 자는 게 별로 좋은 게 아니라서 그런 건 아닐까?

A ｜ 잠이 오지 않더라도 잠깐 낮잠을 자는 게 건강에 훨씬 좋대.

B ｜ 그래? 그럼 네가 낮잠 시간이 보장되는 회사를 차려주라. 그리고 날 뽑는 거야!

낮잠을 자는 것이 정말 건강에 좋을까? 다들 기운차게 깨어 일하는 시간에 잠이 쏟아진다고 하는 건 어쩐지 게을러 보이는데, 서울시청에서 한때 공무원들에게 낮잠 시간을 주려고 했다니 놀랍기도 하다. 어린이는 당연하게 낮잠을 자는데 왜 어른은 낮잠을 자지 않는 걸까?

사실 낮잠은 선택적인 것이다. 물론 선택의 기회가 있다는 전제 하에 하는 말이긴 하다. 학생이나 사회생활을 하는 성인의 경우 낮 시간을 마음대로 쓰기 어렵기 때문에 낮잠을 선택할 기회도 없다. 요즘같이 산업화된 시대에 일을 하다 말고 낮잠을 잔다는 건 정말 상상하기 어렵다. 아침 일찍 출근해서 야근을 하는 것도 모자라 주말 출근까지 해도 해야 할 일이 넘쳐나는데, 낮잠 잘 시간이 어디 있겠는가? 그런데 낮잠에 대한 이 같은 생각이 산업화의 과정에서 생긴 고정관념인 건 아닐까, 한번쯤 생각해볼 필요는 있다.

모두가 필요를 느끼는 것도 아니고, 실제로 시간이 있어도 모두 자지는 못하는 낮잠은 왜 자는 것일까? 낮잠을 자는 것이 몸에 좋을까? 그리고 훤한 대낮에 잠이 쏟아지는 게 정상적인 신체 반응일까?

낮잠을 자면 뭐가 좋을까?

∎

낮잠을 잠으로써 얻을 수 있는 가장 큰 이점은 (지극히 당연한 사실이지만) 자고 일어난 후에 피로가 풀리고 집중력이 높아진다는 것이다. 그런데 실제로 낮잠이 피로를 풀어주는 것 외에 전반적으로 건강에 좋은

잠이 부족한 당신에게 뇌과학을 처방합니다

영향을 준다고 한다.

2012년 중국 서남 대학교의 다용 자오(Dayong Zhao)가 이끄는 연구진은 다른 음을 구별해내는 테스트를 통해 낮잠의 효과를 알아봤다. 실험 참가자들을 세 그룹으로 나눠 먼저 똑같은 음 구별 테스트를 한 뒤, 한 그룹은 드러누워서, 한 그룹은 책상에 베개를 놓고 엎드려서 낮잠을 자게 했다. 마지막 한 그룹은 자지 않고 조용히 앉아 있게 했다. 이렇게 20분이 지난 뒤 테스트를 다시 했더니 낮잠을 잔 두 그룹 참가자들의 테스트 결과가 더 좋게 나타났다. 뿐만 아니라 참가자들의 기분도 훨씬 긍정적으로 변해 있었다.

낮잠을 잔 두 그룹 사이에서도 차이가 나타났다. 실험을 하는 동안 참가자들의 뇌전도 변화를 측정했더니, 누워서 잔 그룹이 책상에 엎드려서 잔 그룹보다 더 깊은 잠에 빠져든 것으로 나타났다. 하지만 실험 참가자들이 엎드려 자는 것과 누워서 자는 것의 차이를 실질적으로 느끼지는 못했다. 낮잠을 잔 뒤 느껴지는 피로감이나 기분을 물었을 때 두 그룹의 응답에 별 차이가 없었다. 이걸 보면 책상에 잠깐 엎드려 자는

	사전 테스트 결과			휴식 이후 테스트 결과		
	엎드려 잔 낮잠	누워서 잔 낮잠	낮잠을 자지 않음	엎드려 잔 낮잠	누워서 잔 낮잠	낮잠을 자지 않음
졸린 정도	47.50	50.00	57.50	25.00	20.00	47.50
피로감	57.04	59.50	49.60	23.00	11.80	42.70
기분	42.71	40.71	42.73	75.27	80.38	74.47
테스트의 정답 비율 (%)	0.89	0.87	0.89	0.92	0.96	0.89

낮잠과 낮잠을 자는 자세의 효과를 비교한 실험 결과. 표에 표시된 값은 실험 참가자들의 주관적인 응답으로, 수치가 높을수록 각각 더 졸리고, 더 피곤하고, 더 기분이 좋고, 테스트 결과가 좋았음을 의미한다.

것만으로도 낮잠의 효과가 있는 것이라고 볼 수 있다. 적어도 기분이 좀 나아지거나 피로감이 덜어졌다는 느낌이 드는 건 누워서 잤을 때와 같았으니 말이다.

기왕 잘 거면 비 렘수면 2단계까지 들었다가 깨어나는 편이 1단계에서 깨어나는 경우보다 효과가 좋다고 한다. 실제로 비 렘수면 1단계에 접어든 지 5분이 지난 뒤에 깨운 경우와 2단계에 접어든 지 약 3분이 지난 뒤에 깨운 경우에서 간단한 인지 능력 테스트를 한 결과, 2단계까지 들어갔던 사람의 경우가 더 좋은 테스트 결과를 보였다. 하지만 이보다 중요한 사실이 있다. 얕게나마 잔 사람의 경우 아예 낮잠을 자지 않은 사람보다는 좋은 결과를 보였다는 것이다. 전혀 자지 않는 것보다는 고개를 숙이고 몇 분이라도 낮잠을 자면 더 생산적이고 창의적인 능력을 발휘할 수 있겠다.

하버드 대학교의 종양학자 디미트리오스 트리코풀로스(Dimitrios Trichopoulos) 박사는 20세와 80세 사이의 성인 약 2만 명의 생활 습관, 식습관, 운동 습관, 낮잠 자는 습관을 조사했다. 그 결과 일주일에 적어도 세 번 낮잠을 잔 경우 심장병으로 인한 사망률이 37% 낮아진다는 것을 확인했다. 낮잠을 권장하는 문화권인 유럽과 라틴아메리카의 사람들도 북아메리카 사람들보다 스트레스 수준과 심장 질환 발병률이 낮다고 한다. 또 2009년 일본 연구진의 연구 조사에서도 비슷한 결과가 확인된다. 심혈관 질환으로 인한 사망 가능성과 실제 사망 사례 수를 조사한 결과, 성별과 상관없이 낮잠을 잔 경우가 자지 않은 경우보다 사망 위험도와 사망 사례 수가 훨씬 적게 나타났다.

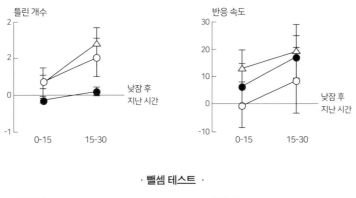

· 뺄셈 테스트 ·

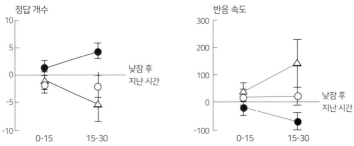

낮잠을 자면서 비 렘수면 2단계까지 잠들었다가 깨어난 경우 인지 능력 테스트에서 정확한 대답을 하는 비율이 더 높았고, 반응 시간도 더 빨랐다.

영국 리버풀 존무어 대학교의 모하마드 자레가리지(MohammadReza Zaregarizi) 박사는 실험 참가자들을 세 그룹으로 나눠 1시간 동안 낮잠을 자거나, 누워서 쉬거나, 완전히 깬 상태로 일어서 있게 한 뒤 혈압의 변화를 관찰했다. 그 결과 낮잠을 잔 경우에만 혈압이 확연히 떨어졌다. 낮잠이 건강에 이로운 효과를 주는 것을 확인한 것이다. 또 연구진은 바

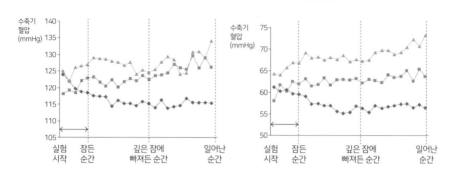

서 있는 경우, 누워서 쉰 경우, 낮잠을 잔 경우 각각 수축기와 이완기 혈압을 비교했다. 낮잠을 잔 경우 혈압이 낮아졌으며, 그 떨어진 폭은 누웠을 때부터 잠든 순간까지(화살표 구간)가 가장 컸다.

닥에 누운 때로부터 막 잠이 드는 순간 사이에 혈압이 가장 큰 폭으로 떨어지는 것을 확인했다. 실제로 잠이 든 뒤에 혈압이 떨어진 것이 아니라 잠이 들기 직전까지 혈압이 떨어진 것이다. 이는 낮잠을 잔다는 기대 또는 잠을 자겠다는 생각을 하는 것이 혈압을 떨어뜨리는 원인일 수 있다는 가능성을 제시한다.

낮잠 자는 문화, 시에스타

■

사실 한국에서는 낮잠을 자는 것이 자연스러운 일은 아니다. 그런데 라틴아메리카나 남부 유럽에서는 낮잠을 자는 문화가 있다. 이 시간을

'시에스타(Siesta)'라고 부르는데, 낮 12시부터 3시 사이를 가리키는 라틴어 '섹스타(Sexta)'에서 유래되었을 것이라고 생각된다. 이러한 문화가 자리잡게 된 까닭으로는 몇 가지 가설이 있다. 무더운 날씨 때문에 대낮에 활동할 경우 효율이 떨어져서 차라리 뜨거운 한낮에는 낮잠을 자는 문화가 생겼다는 가설이 가장 유력하다. 스페인이 번성하던 시기에 늦은 밤까지 파티를 즐기던 귀족 문화의 영향을 받았다고 생각하기도 한다. 밤새도록 파티를 한 뒤 쌓인 피로와 낮의 더위를 해소하기 위해 점심을 먹고 낮잠을 자던 생활 습관이 일종의 문화로 굳어졌다고 보는 것이다. 안타깝게도 지금은 산업화, 도시화의 영향으로 이 문화가 있던 나라에서도 낮잠을 거의 자지 않는다고 한다.

역사 속의 낮잠가들

■

만성 불면증 환자였던 나폴레옹은 밤에 못 잔 잠을 보충하기 위해 낮잠을 꼭 잤다고 한다. 한편 발명왕 에디슨은 잠자는 시간을 "동굴 속의 원시인으로 돌아가는 시간"이라고까지 부르며 낭비라고 여겼는데, 낮잠만큼은 길게, 자주 잤다고 한다. 아인슈타인 역시 "매일 자는 낮잠이 마음을 깨끗하게 하고 창의적으로 만들어준다."고 할 만큼 낮잠을 좋아했다.

예술가 살바도르 달리는 숟가락과 금속 팬을 이용해 낮잠을 조절한 것으로 유명하다. 그는 자신의 팔걸이 의자에 앉아 숟가락을 쥐고 그

아래에 금속 팬을 두고 잤다. 근육이 이완되는 렘수면에 빠져드는 순간 숟가락을 팬에 떨어뜨리면서 나는 큰 소리에 깰 수 있도록 장치한 것이다.

세기의 천재라고 불리는 레오나르도 다 빈치도 자신만의 낮잠법을 가지고 있었는데, 그가 원양 선원이었던 경험 때문이라는 얘기가 있다. 혼자서 장기간 바다를 항해하다 보면 위급 상황이 언제 일어날지 모르기 때문에 밤잠을 줄이는 대신 조금씩 낮잠을 잤다는 것이다. 다 빈치는 4시간마다 15분씩, 총 1시간 30분의 낮잠을 잤다고 한다.

낮잠은 얼마나 자야 할까?

■

낮잠은 얼마나 오래 자느냐에 따라 그 효과가 달라진다. 5분이 안 되는 짧은 낮잠은 사실 큰 효과가 없다. 10~20분 정도 자면 뇌가 깊은 잠에 빠져들기 전에 깨어난다. 운이 좋으면 깨기 직전에 아주 짧게나마 서파수면에 들어갈 가능성도 있다. 이 정도 길이와 깊이의 잠이면, 작동 기억이 향상되거나 혈압이 낮아질 수도 있다. 20~60분 정도로 긴 낮잠을 자면 뇌가 깊은 잠에 빠져들게 된다. 또 성장 호르몬이 분비되어 일어났을 때 에너지가 훨씬 충전된 기분이 들 것이다. 하지만 이 경우에는 단점이 있다. 깨고 나서 30분 정도 정신이 혼미할 수 있다는 점이다. 그러므로 가장 좋은 건 20분 이내로 자는 것이다.

그런데 20분 정도가 부족하다고 생각된다면, 아예 60~90분 정도로

잠이 부족한 당신에게 뇌과학을 처방합니다

아주 길게 잠을 자는 것을 추천한다. 그럴 경우 보통 90분 정도 걸리는 수면사이클을 한 바퀴 돌 수 있기 때문이다. 수면사이클을 한 바퀴 돈다는 것은 얕고 깊은 잠에 더해 렘수면까지 모두 경험하는 것을 말한다. 또 사이클이 처음 잠에 빠지는 순간으로 돌아오기 때문에 잠에서 깨자마자 정신이 또렷할 것이다.

1995년 미국 항공 우주국(NASA)은 장거리 비행을 하는 조종사가 비행 중 짤막하게 낮잠을 잔 경우 집중력이나 피로도가 어떻게 달라지는지 조사했다. 그 결과, 26분이 피로도 감소와 능률 증대와 같은 효과가 나타나는 최소한의 낮잠 시간이라는 결론을 내렸다.

캘리포니아 대학교 샌디에이고 캠퍼스(UCSD)의 수면 전문가 사라 메드닉(Sara C. Mednick)은 아침에 일어나는 시간에 따라 낮잠을 자기에 최적인 때가 정해진다고 말한다. 그의 말에 의하면 오전 6시에 일어나면 오후 1시 반에 낮잠을 자는 것이 가장 좋다. 또 일어나는 시간이 30분 늦어질수록 낮잠을 자기 좋은 시간은 15분씩 늦춰진다고 한다. (이 규칙에 따르면, 오전 9시에 일어나는 경우 오후 1시 반으로부터 $15 \times 6 = 90$분 뒤, 즉 오후 3시에 낮잠을 자는 것이 가장 좋다.)

낮잠을 제대로 이용하려면?

■

낮잠의 이점이 많다고 했으니 무턱대고 낮에 자기만 하면 되는 것일까? 그렇지는 않다. 낮잠을 너무 많이 자거나 너무 늦은 시간에 자게 되면 밤에 잠을 자는 데 어려움을 겪을 수 있다. 저녁 시간이 가까워질 무렵 졸음이 온다면 좀 참았다가 일찍 잠자리에 드는 편이 낫다. 실제로 전문가들은 낮잠을 자려면 매일 지속적으로 자야 하며, 불규칙적인 낮잠은 오히려 내부 생체 시계를 방해하고 밤잠의 패턴을 망가뜨릴 수 있다고 경고한다.

낮잠은 밤에 자는 잠과 별개의 것이 아니라 하루 동안 우리 몸이 필요로 하는 잠 양의 일부라고 생각해야 한다. (에디슨과 다 빈치는 이 사실을 알았던 것 같다!) 낮잠을 효율적으로 이용하는 방법 중 하나로, 여행을 가거나 저녁에 중요한 일이 있는 경우 미리 2~3시간 정도 낮잠을 자두면 효과를 볼 수 있다. 또 평소 밤잠을 충분히 자지 못하더라도 낮에 토막잠을 자는 시간을 마련하면 피곤함을 덜 수 있다.

낮잠은 게으른 것이 아니라 부지런해지기 위해 지는 것이다. 2014년에는 서울시청에서 공식적으로 1시간의 낮잠을 허용하기로 했지만, 도대체 누가 눈치 보지 않고 자유롭게 잘 수 있겠냐는 말이 나오기도 했다. 하지만 기계 장치도 너무 오랫동안 사용하면 과부하가 걸려 망가질 수 있는데, 사람의 몸이 어떻게 하루 종일 연이어 효율적으로 일을 할 수 있겠는가? 꼭 낮잠을 자자는 건 아니지만, 적절한 때에 적절한 휴식을 취하는 건 필수라는 방향으로 사회적 인식이 바뀌어야 하지 않을까?

　　잠이 부족한 당신에게 뇌과학을 처방합니다

아침형 인간 vs. 저녁형 인간

낮보다 밤에 더 쌩쌩하게 활동하는 사람은 실제로 꽤 많다. 저녁형 인간, 올빼미족 등 이런 생활 습관을 가진 사람들을 가리키는 말도 있다. 아무리 생각해도 굳이 밤에 잠을 자고 낮에 깨어 있어야 되는 건 아닌 것 같다. 만약 낮에 잠을 자고 밤에 깨어 있는 게 비정상적이라면 일종의 증상이나 질병으로 다뤄지고 있어야 하지 않을까.

어쩌면 우리는 대부분 낮에 깨어 활동하기 때문에 한 번도 의문을 가지지 않고 그렇게 살아왔을 뿐인지도 모른다. 밤새 활동하고 아침부터 오후 늦게까지 자는 사람의 수가 생각보다 많은 걸 보면 그렇게 밤에 일하는 것이 오히려 더 효율적인 건 아닐까 싶을 때도 있다. 사실 알고 보면 낮보다 밤에 뇌의 활성이 더 증가한다거나 창의적인 아이디어가 더 많이 떠오른다거나 하는 것은 아닐까?

아침형 인간이 더 성공한다고 생각하는 사람은 굉장히 많다. 새벽같이 일어나서 하루를 시작하는 사람의 이야기를 들으면 부지런하다는 말이 절로 나온다. 반면 밤새도록 불을 켜놓고 무언가를 하다가 해가 떠오를 때쯤에야 잠드는 사람을 보면, "어떻게 저러지? 게을러."라는 말이 나왔으면 나왔지, "정말 부지런하네, 대단하다."라는 말은 잘 나오지 않는다.

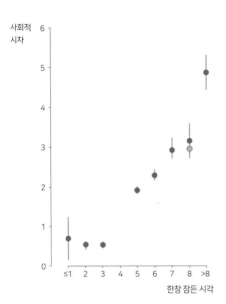

사회적
시차

가로축의 숫자가 커질수록 저녁형 인간이라고 생각할 수 있는데, 저녁형 인간일수록 사회적 시차가 심해짐을 볼 수 있다.

생체 시계가 사회적으로 활동이 많은 시간대와 잘 맞지 않는 저녁형 인간의 경우, 사회적 시차(Social Jetlag)를 더 심하게 느끼게 된다. 뇌를 비롯한 몸은 아직 깨어 있지 않은데 사회적으로는 깨어 있어야 해서, 마치 시차 적응을 못 한 상태처럼 되는 것이다. 저녁형 인간은 아침에 일찍 일어나도 계속해서 멜라토닌이 분비되면서 몸이 깨어나는 것을 방해한다. 이런 상태에서 다른 사람과 동일한 수준의 활동을 해야

한다면 스트레스나 불안감의 정도도 커질 수 있다.

저녁형 인간이라도 부지런하고 능률 있게 사는 사람이 많다. 소설가 제임스 조이스, 거트루드 스타인, 귀스타브 플로베르는 물론, 미국의 온라인 미디어 CEO 조나 페레티, 아론 레비 등이 유명한 저녁형 인간이다.

그렇다면 왜 누구는 아침형 인간이 되고 누구는 저녁형 인간이 된

	아침형 인간	저녁형 인간
멜라토닌 분비량 최대 시각	04:20	06:20
멜라토닌 분비 시작 시각	21:48	24:36

걸까? 이를 결정하는 데는 사실 유전적인 영향이 있다. 하지만 여기서 특정한 유전자 하나가 생활 습관이나 생체 리듬을 조정하는 것은 아니라는 사실을 잊지 말자. 지금껏 많은 연구자들이 무수한 사람을 조사하여 아침형 인간과 저녁형 인간을 구분했다. 다음은 지금까지 알려진 연구 결과들이다.

- 저녁형 인간은 기억력이나 사고의 속도, 인지 능력 면에서 더 뛰어났다.
- 저녁형 인간은 새로운 경험을 하는 데 더 개방적이고 진취적인 면이 있다.
- 저녁형 인간은 아침형 인간보다 창의적인 경향이 다소 높게 나타났다.
- 저녁형 인간 중에 부유한 사람이 좀 더 많다.
- 아침형 인간과 저녁형 인간의 건강 상태는 비슷하다.
- 아침형 인간은 좀 더 합리적이고 끈기가 있다.
- 아침형 인간은 학업 성적 면에서 더 뛰어났다.
- 아침형 인간은 미래지향적이고 건강에 관심이 많은 경우가 많다.
- 아침형 인간은 우울증에 걸릴 확률이 낮고, 술과 담배를 덜 했다.

아침형 인간이 더 성공한다거나 학업 성적이 높다고 하는 것은 사회적으로 짜여져 있는 시간표의 영향, 즉 문화 때문이라고 보는 것이 맞겠다. 따라서 아침형 인간과 저녁형 인간 모두 자신의 뇌가 더 깨어 있는 시간에 활동하면 훨씬 효율적으로 일할 수 있다.

죽음은 한때 우리의 벗이었다.
그리고 잠은 죽음의 형제였다.
– 존 스타인벡(소설가)

Death was a friend,

and sleep was Death's brother.

- John Steinbeck

11

겨울잠

아빠 | 왔어? 진짜 춥지? 여기 봐. 너 없는 사이에 새 식구가 생겼어.

A | 새 식구? 뭐야? 고슴도치 키우기로 했어?

아빠 | 응. 귀엽지? 날씨가 추워져서 걱정이다. 고슴도치가 원래 겨울 잠을 자는데, 집에서 기르는 애들은 절대 겨울잠에 들면 안 된대.

A | 그게 무슨 말이야? 원래는 겨울잠을 자는데 겨울잠을 자면 절대 안 된다고요?

아빠 | 집에서 기르는 동물은 야생 동물이랑 다르게 겨울잠에 대한 대비 가 안 되어 있다는구나. 겨울잠에 빠져들면 몸이 견디지 못하고 죽는대.

A | 그렇구나. 원래 자야 하는데 못 자게 한다는 것도 좀 미안한 일이 네요. 근데 아빠, 별로 걱정 안 해도 될 것 같아요. 집이 이렇게 따뜻한 데? 나도 누가 배부르고 등 따숩게 해주면 겨울잠 자고 싶다는 생각 같 은 건 안 들 것 같아. 하하하.

겨울잠을 자야 하는데 자지 못하게 막는 것도, 겨울잠을 아예 자지 않는 것도 모두 서럽다는 생각이 든다. 일생의 3분의 1이 잠이라고 하지만, 사실 사람만큼 잠을 안 자는 동물도 없지 않을까.

겨울잠은 보통의 잠과 무슨 차이가 있을까? 하루 중 몇 시간이 아니라 한 계절 내내 밤낮을 가리지 않고 잔다면, 우리가 매일 자는 잠과 다른 점이 분명 있지 않을까?

겨울잠도 잠일까?

■

'겨울잠' 하면 겨울 내내 자는 잠인 것처럼 생각되지만, 사실 이는 잠을 자는 상태라고 할 수 없다. 일반적으로 잠자는 동안과 비교했을 때 생리적인 변화가 너무 극심하기 때문이다. 겨울잠에 든 동물들의 활력 징후는 단순히 잠을 자는 상태의 동물과 완전히 다르다(활력 징후란 생물이 살아 있음을 나타내는 몇 가지 지표를 의미한다. 심박수, 호흡수, 체온 등이 해당한다). 일반적인 잠을 자면 심박수, 호흡수와 체온이 깨어 있을 때에 비해서는 떨어진다. 하지만 겨울잠에 든 동물의 경우와 비교해보면 거의 변화가 없다고 할 수 있을 정도로, 겨울잠에 든 몸의 활력 징후는 아주 극적으로 낮아진다.

겨울잠에 들면 뇌파도 크게 달라진다. 겨울잠에 든 동물의 뇌파는 일반적인 잠의 단계에서 보이는 뇌파의 형태를 나타내지 않는다. 잠이 들었을 때의 뇌파는 각성 상태와 형태로 구분된다. 겨울잠에 든 뇌의 뇌파

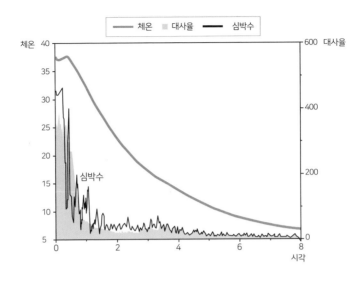

겨울잠쥐가 겨울잠을 잘 때 체온, 대사율과 심박수가 어떻게 변하는지 관찰한 그래프. 겨울잠에 든 뒤로 모든 활력 징후가 급격하게 떨어지는 것을 볼 수 있다.

는 모양이 달라지기보다 진폭이 각성 상태 뇌파의 10% 정도로 확 줄어들었다고 표현하는 것이 더 적절하다. 만약 이때 뇌의 활성을 약물 등을 통해 완전히 없애버리면 겨울잠을 자던 생물은 죽게 된다. 뇌가 생명을 유지하기 위한 아주 중요한 역할만을 수행하며 평소 깨어 있을 때의 10% 수준으로 매우 약한 활성을 나타내는 것이라고 볼 수 있다.

또 한 가지 중요한 차이점은 얼마나 쉽게 각성 상태로 돌아올 수 있는지다. 잠이 들었을 때는 다시 각성 상태로 깨어나는 것이 어렵지 않다. 아무리 깊이 잠이 들었다고 해도 깨어난 뒤 몇 분 안에 잠들기 전의 각성 상태로 돌아온다. 하지만 겨울잠에 들었다 깨어난 동물은 겨울잠

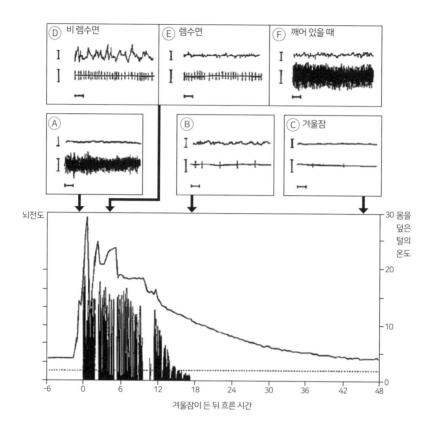

깨어 있는 땅다람쥐와 겨울잠에 빠진 땅다람쥐에게서 뇌전도와 털의 온도를 측정해봤다. 평상시 나타나던 뇌파는 겨울잠에 빠져들자 거의 없어졌으며, 시간이 지남에 따라 그 세기가 점차적으로 감소하는 것을 확인할 수 있다. 체온 역시 겨울잠에 빠져들자 점점 떨어졌다.

에 들기 전의 상태로 돌아가기 위해 며칠에서 길게는 몇 주 동안의 회복 기간이 필요하다.

겨울잠에서 깨어난 뒤 나타나는 뇌파는 잠을 잘 자고 난 경우가 아니라, 수면 부족 상태의 뇌파 신호와 유사하게 나타난다. 겨울잠에 빠진

잠이 부족한 당신에게 뇌과학을 처방합니다

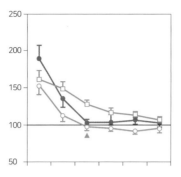

겨울잠 또는
수면 부족 상태에
나타나는
매우 느린
뇌파(SWA)의
비율

SWA가 완전히 줄어들어야 평상 시의 뇌 활성 상태를 회복한 것이라고 볼 수 있는데, 겨울잠을 잔 경우 단순한 수면 부족이나 겨울잠과 수면 부족이 뒤섞인 경우보다 SWA 감소 속도가 더 느린 것을 볼 수 있다. 회복하는 데 오랜 시간이 필요하다는 뜻이다.

동물은 마치 혼수상태에 빠진 것처럼 보이며 깨어난 뒤 원래의 상태로 되돌아오기까지 평소보다 오래 자면서 휴식하는 시간이 필요하다.

겨울잠에 빠진 몸

■

겨울잠에 들었을 때 나타나는 가장 큰 변화는 체온이 큰 폭으로 떨어지고 대사 작용이 매우 느려지는 것이다. 겨울잠에 빠져든 동물의 체온은 주변 기온과 함께 변한다. 하지만 무작정 체온이 떨어지는 것은 아니다. 특정 온도까지 체온이 떨어지면 대사 작용이 다시 활발해지면서 저장된 지방을 태워 에너지를 만든다. 몸(사실 뇌에 위치한 체온과 대사 작용 등 생명 유지에 중요한 활동을 조절하는 부위라고 하는 것이 더 정확하겠다)이 스스로 자신의 상태를 계속 확인하면서 생명을 유지할 수 있는 최저 온

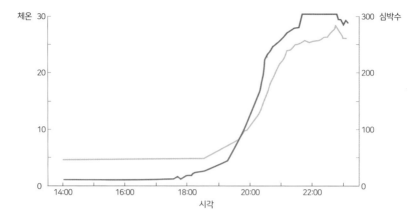

겨울잠에 들었던 고슴도치가 깨어나는 날 하루 동안의 체온과 심박수 변화. 원래대로 회복되었을 때와 비교해보면 겨울잠을 자는 동안 체온과 심박수가 얼마나 많이 떨어졌는지 알 수 있다.

도 정도로만 체온을 유지하는 것이다. 보통 이때 생명을 유지하기 위한 최저 온도는 덩치가 클수록 높다.

심박수는 동면에 들면 평소 상태의 2.5%까지도 떨어질 수 있다. 다람쥐의 경우 평소에는 분당 200회 정도 뛰던 심장이 겨울잠에 들면 5회밖에 뛰지 않는다. 호흡수는 평소의 절반까지도 떨어질 수 있다. 어떤 동물은 겨울잠을 자는 동안 아예 숨을 안 쉬기도 한다. 잠자는 동안에는 만들 수 있는 산소의 양이 엄청나게 줄어들기 때문에 이 상태에서 살아남기 위해서는 반드시 호흡수를 줄여야 하기 때문이다.

재미있는 사실은 겨울잠을 자는 동물은 '화장실'도 안 간다는 것이다. 겨울잠을 자는 동안은 몸에 축적해둔 체지방을 태워 에너지를 얻기 때문에 실제로 소화관으로는 아무것도 지나가지 않는다. 배설물이 생기

잠이 부족한 당신에게 뇌과학을 처방합니다

지 않아서 그렇다고 생각했다면 아직 이르다. 에너지를 만드는 과정에서 오줌으로 보통 배출되는 노폐물인 요소(尿素)가 계속 발생하는 문제가 남았다. 그걸 배출해야 하는데 어떻게 오줌을 안 누고 버틸 수 있는 걸까? 겨울잠을 자는 동물의 몸에서는 요소가 계속 재활용된다. 곰의 경우 요소를 분해하여 단백질을 구성하거나 에너지로 사용할 수 있는 아미노산을 만들어낸다. 몸 내부에서 모든 물질을 끊임없이 재사용하니 따로 몸 밖으로 배출해야 할 배설물이 만들어지지 않는 것이다.

겨울잠은 어떻게 빠지게 될까?

주변 환경의 변화

겨울잠은 주위 환경의 기온 변화에 크게 좌우된다. 겨울잠을 자는 동물 대부분은 기온이 떨어지면 동면 준비를 시작하며, 다음 해 봄이 되어 기온이 다시 올라가면 겨울잠에서 깨어난다. 기온뿐 아니라 낮의 길이 변화, 즉 일조량의 변화에 반응하여 겨울잠에 들 수도 있고, 주위에서 구할 수 있는 먹이의 양이 변하는 데에 반응하여 겨울잠을 준비하는 동물도 있다.

몸속 호르몬의 변화

겨울잠에 들기 전 동물의 몸속에서는 호르몬 분비에 변화가 생긴다. 대표적으로 멜라토닌의 분비량이 늘어난다. 멜라토닌은 체내에서 다양한 역할을 하지만 잠을 조절하는 데도 중요한 역할을 한다고 알려져 있다. 멜라토닌은 동물이 잠에 빠져든 상태를 유지시킬 뿐 아니라, 겨울철 털갈이를 일으키기도 한다.

그 외에 대사 작용과 몸의 활력 수준을 조절하는 갑상선 호르몬, 몸에 지방이 축적되는 정도와 심박수, 호흡률, 대사 기능을 전반적으로 조절하는 뇌하수체 호르몬, 당의 대사를 조절하는 인슐린의 양에도 변화가 생긴다.

· 겨울잠을 자는 햄스터의 체내 호르몬 양의 변화 ·

호르몬	겨울잠을 잘 때	깨어 있을 때
인슐린	0.86±0.08	0.39±0.04
글루카곤	53.2±13.7	38.2±12.0
코티코스테론	1.00±0.06	8.39±0.67

생체 시계

한 지역 내에서 매년 기온 변화나 동물들이 먹이로 삼는 식생의 변화, 일조량의 변화는 거의 일정하다. 때문에 동물이 겨울잠에 드는 시기는 매년 비슷할 것으로 예상할 수 있다. 하지만 겨울잠에 드는 데 주위 환경의 변화보다 어느 '시기'인지가 더 중요한 동물도 있다. 이 경우에는 생체 시계의 영향이 중요하다. 1년을 단위로 시간을 인지하는 이 같은 리듬을 '연주(年周) 리듬'이라고 부르는데, 여기에 대해서는 아직 자세한 정보가 밝혀지지는 않았다. 일주기 리듬과 유사하게 계절 변화를 감지하는 기작이 체내에 존재할 것이라고 생각되고 있다. 실제로 겨울잠을

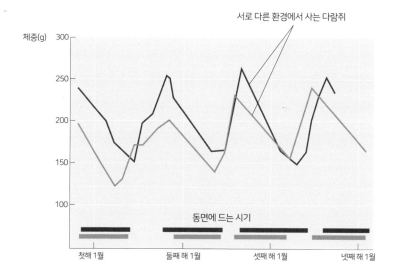

서로 다른 환경에서 사는 다람쥐

4년 동안 서로 다른 환경에 살던 다람쥐의 동면 시기. 연주 리듬에 따라 생체 주기가 변화하면서 1년 중 같은 시기에 동면에 드는 것으로 보인다.

자는 대표적인 동물인 다람쥐가 겨울잠에 빠져든 시기를 4년에 걸쳐 추적, 비교해보았더니 사는 환경이 다른 경우에도 1년이라는 시간의 흐름에 따라 생체 주기가 일정하게 변화하면서 매년 같은 시기에 겨울잠에 드는 것을 확인할 수 있었다.

겨울잠도 다 같은 겨울잠이 아니다

겨울잠의 깊이

겨울잠에도 깊은 잠이 있고 얕은 잠이 있다. 곰은 얕은 겨울잠을 자는 대표적인 동물이다. 얕은 겨울잠을 잘 때도 보통 겨울잠을 잘 때 나타나는 몸의 변화가 나타나긴 하지만, 그 변화의 정도가 훨씬 작다. 체온도 조금밖에 떨어지지 않고 잠에서 깨어나 원래 상태로 돌아오는 것도 비교적 쉽다. 그래서 겉으로 드러나 보이는 변화가 심하지 않다는 이유로 얕은 겨울잠도 겨울잠이라고 할 수 있는지 과학자들 사이에서 오랫동안 논란이 있어왔다.

영어 단어 중에는 겨울잠을 가리키는 단어가 몇 가지 있다. 그중 하나가 무기력 상태, 인사불성 상태를 가리키는 '토포어(Torpor)'다. 이 단어는 포괄적으로 단기간에 체온이나 대사 작용이 떨어지는 상태를 가리킨다. 실제로 몇 주 혹은 몇 달 동안이 아니라 하루에 몇 시간 정도씩 매일매일 체온과 대사 작용을 떨어뜨려 일시적으로 동면을 하는 동물들도 있다. 길이만 짧은 것인데, 곰이 자는 '얕은 겨울잠'보다 더 얕다고 해야 할지, 겨울잠과는 달리 봐야 할지 사실 참 애매하다. 사람이나 곰처럼 수십 년을 사는 것이 아니라면 그 동물의 입장에서는 그 시간도 꽤 긴 시간일 수 있지 않을까 하고 생각해보면 함부로 얕거나 짧다고 말할 수도 없을 것 같기도 하다.

겨울잠과 여름잠

여름에도 오랜 시간 잠을 자는 동물이 있다. 이런 경우는 하면(夏眠), 즉 여름잠이라고 부른다. 여름잠이라는 말은 생소하게 느껴질지 모르겠다. 실제로 여름잠을 자는 동물은 겨울잠을 자는 동물만큼 다양하거나 많지는 않다.

잠이 부족한 당신에게 뇌과학을 처방합니다

겨울잠이 먹이를 구하기 어렵고 체온을 유지하기 어려운 환경 변화에 적응한 결과인 것처럼, 여름잠도 생존하기에 어려운 환경 변화에 적응한 결과다. 여름잠을 자는 동물들은 주로 사막이나 열대기후와 같이 너무 덥고 건조해서 여름을 나기 어려운 곳에서 발견된다. 달팽이는 건조한 사막 기후에 적응하여 여름잠을 자는 대표적인 생물이다. 여름잠을 자는 동물은 땅 속으로 굴을 파고 들어가서 시원한 상태를 유지하는 경우가 많다. 대사 작용이 줄어드는 것을 비롯해 몸에 일어나는 변화는 겨울잠과 거의 비슷하다.

사람도 겨울잠을 잘 수 있을까?

■

겨울잠 또는 여름잠에 빠지는 것은 주변 환경이 변화하는 데 뇌와 신체가 반응하여 그 활성이 달라진 결과다. 너무 단순하다. 사람에게서는 만들어질 수 없는 물질이 필요한 것도 아니다. 그러면 사람도 겨울잠 혹은 여름잠을 잘 수 있지 않을까?

사람의 경우 하루 동안 받는 빛의 양에 따라 멜라토닌의 분비량이 달라진다. 그 결과 밤에 잠을 자게 된다. 재미있는 사실은, 하루뿐 아니라 계절 변화에 따라 달라지는 빛의 양에 의해서도 멜라토닌의 분비량이 조금씩 달라진다는 것이다. 겨울잠을 자는 동물의 경우 겨울이 되면 이 변화가 매우 심각해지면서 결국 겨울잠에 빠져들도록 영향을 준다. 하지만 사람의 경우 계절의 변화에 따른 멜라토닌의 분비량 변화가 상대적으로 매우 미미한 편이다. 이것이 사람은 겨울잠을 자지 않는 이유 중 하나다.

물론 사람 역시 계절에 따라 잠을 자는 것이 달라지긴 한다. 실제로 2011년 독일의 한 연구진이 계절에 따라 일조량 변화가 큰 노르웨이인과 적도 근처에 있어 계절 및 일조량 변화가 거의 없는 가나인을 대상으로 실험한 것이 있다. 이들이 계절에 따라 잠자리에 들고 아침에 일어나는 시각의 변화를 비교했다. 노르웨이인의 경우 여름이 될수록 아침에 좀 더 일찍 일어났지만, 가나인의 경우 계절이 변해도 잠자리에 들고 일어나는 시각이 거의 변하지 않았다.

흥미로운 사실은 잠드는 시각보다 일어나는 시각의 변화가 더 컸다는 점이다. 아마도 평일에 일과를 마치고 집으로 돌아오는 생활 습관 때문에 잠자리에 드는 시각은 조정되기 어려워서인 것으로 보인다.

이 연구 결과에서 관찰된 것처럼 일조량이 달라지면서 생긴 수면의 변화가 사람에게서 관찰되는 겨울잠에 가장 가까운 행동이다. 겨울잠을 잔 사람의 예는 아직 알려진 바가 없지만, 체온이 급격히 떨어지면서 겨울잠과 유사한 상태에 빠져들었던 이야기는 꽤 많이 들린다. 다람쥐나 고슴도치처럼 평화롭게 겨울잠을 자다 깨어난 것은 아니고, 대부분 죽을 뻔한 상황에서 살아남은 이야기다.

2015년 《메디컬 데일리》에는 미국 미주리주(州)에 살던 14세 소년이 꽁꽁 언 호수에 빠져 15분 동안 갇혀 있다가 기적같이 살아난 이야기가 실렸다. 구조대가 이 소년을 구출했을 당시 심폐소생술을 여러 번 시도했음에도 맥박이 돌아오지 않다가 갑자기 눈을 떴다고 한다. 과학자들

잠이 부족한 당신에게 뇌과학을 처방합니다

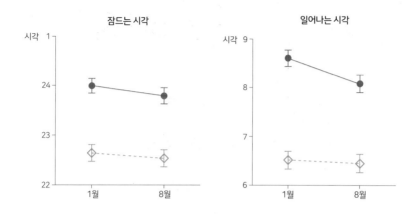

노르웨이인   가나인

은 사람이 보통 온도의 물에 빠지면 3분밖에 살아남을 수 없지만, 언 호수에 빠진 사람은 40분까지 살아 있을 수 있다고 말한다. 산소가 부족한 환경에서도 낮은 온도가 몸을 가사 상태로 만들어 죽음을 지연시키기 때문이라고 한다.

일본에서도 비슷한 경우가 있었는데, 2006년 친구들과 산에 올라갔던 35세의 미츠타카 우치코시는 혼자서 먼저 하산하다가 발을 헛디뎠다. 그는 실종 처리된 뒤 3주가 지나서야 구조대에게 발견되었는데, 당시 맥박도 없었고 내장기관도 전혀 작동하지 않았으며 체온은 22도였다. 하지만 뇌에는 전혀 손상이 없었고, 치료를 받은 뒤 정상 상태로 회복됐다. 당시 그를 진료한 의사는 영국 방송 BBC와의 인터뷰에서 "사고 직후 바로 저체온 상태로 빠져들면서 겨울잠을 자는 것과 유사한 상태가 된 것 같다."고 말했다. 실제로 겨울잠을 자는 것처럼 매우 낮은 체온

· BBC 뉴스에 보도된 미츠타카 우치코시의 소식 ·

과 느린 대사 활동을 유지하면서 생존하는 것이 사람에게도 가능할 것이라고 말하는 과학자와 의사도 많다.

겨울잠과 냉동 인간의 차이

■

이렇게 보니 겨울잠에 드는 것이 마치 냉동 인간이 되는 것과 비슷한 게 아닌가 하는 생각도 든다. 겨울잠에 드는 것과 사람을 냉동시키는 것은 비슷해 보이지만 사실 완전히 다르다. 냉동 인간이 되는 과정은 인위적인 과정이고, 의식은 물론 체내의 생체 활동이 일체 일어나지 않는 상

잠이 부족한 당신에게 뇌과학을 처방합니다

태이다.

냉동 인간까지는 아니어도 일부러 체온을 매우 낮게 유지시키는 경우가 있다. 오랜 시간 동안 수술을 받는 환자나 뇌, 신경계에 큰 손상을 입은 환자의 경우 체온을 떨어뜨려 평소의 대사 작용보다 느리게 진행되도록 하는 시도는 여러 번 이뤄졌다. 그러나 실제로는 말이나 생각처럼 쉽지가 않다. 사람의 몸은 인위적으로 체온을 낮추면 끊임없이 원래 상태로 돌아가려고 하기 때문이다. 자연스럽게 대사 작용이 느려지는 것이 아니라 위험하고 비정상적인 환경에 노출되었다고 인식하고 원래대로 돌아가려 애쓰는데, 눈으로 쉽게 관찰되는 증상이 바로 몸의 떨림이다. 그런데 이와 달리 겨울잠에 빠져드는 경우 동물의 몸에서는 떨림도 관찰되지 않고, 원래의 체온으로 돌아가려고 하는 변화도 나타나지 않는다. 매우 자연스럽게 체온이 낮아지고, 호흡과 심박수, 대사 작용이 모두 느려진다.

흔히 겨울잠을 자는 일부 동물이 특별한 유전자를 가졌을 것이라고 생각하지만, 그런 유전자가 밝혀진다고 하더라도 누구나 겨울잠을 잘 수 있지는 않을 것이다. 우리가 겨울잠을 자는 과정에서 일어나는 생리적 변화를 완벽하게 이해하지 못하는 한 이러한 시도는 계속 어려울 것이다.

겨울잠을 자는 동안 환경 변화에 반응해 단순히 몸의 기능이 떨어지는 것과 뇌의 활성이 변화하는 것은 좀 다르다. 단순히 온도가 떨어진 것에 대한 반응이라고 보기 어렵다. 온도가 떨어진 와중에도 생명을 유지할 수 있도록 뇌는 끊임없이 활동해야 하기 때문이다. 겨울잠에서 깨어나는 순간에도 다른 신체 기관보다 뇌가 가장 중요한 역할을 한다. 하지만 어떤 변화를 일으키며, 그 변화가 어떻게 일어나는가에 대해서도 아직 알아내야 할 부분이 매우 많다. 아직 모르는 것이 많다는 것은 겨울잠에 숨겨진 사실 중 아주 중요하고 놀라운 것이 많다는 뜻인지도 모른다.

이런 거 궁금하지 않나요?

냉동 인간은 어떻게 만들어질까?

생존하기 어려운 상황에 놓였을 때 오랜 시간 동안 겨울잠을 자버리면 좋지 않을까? 의학 분야에서는 심각한 사고를 당한 사람이나 질병에 걸린 사람에게 겨울잠을 자는 것 같은 상태를 유도하는 방법을 찾으려는 관심이 높다. 겨울잠을 자는 동안 대사 작용이 느려진다는 점 때문에 질병의 진행 속도를 늦출 수도 있고, 궁극적으로 수명을 연장시킬 수 있을지 모른다는 기대도 있다.

2014년 개봉한 영화 〈인터스텔라〉에는 우주선을 타고 긴 시간 여행하는 우주비행사가 한 기계 장치로 들어가자 급속 냉동되며 동면에 드는 장면이 나온다. 멀고 먼 우주 공간 속 다른 행성, 심지어 다른 차원의 세계로 여행하는 데에는 셀 수 없이 오랜 시간이 필요할 것이다. 이 땅에서처럼 몸에서 대사 작용이 일어나고 에너지를 소비하게 되면 그 긴

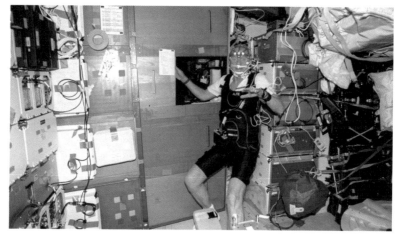
미국 항공 우주국의 우주비행사가 잠자는 동안 신체 상태를 측정하는 장치를 달고 있는 모습. 실제로 인간이 겨울잠을 자게 하는 것은 우주탐사 연구의 중요한 주제다.

시간 동안 인간은 살아남기 어려울 것이다. 또 신체 기관이 그렇게 오랜 시간 동안 활동하고, 제 기능을 똑바로 할 수 있다 하더라도 그 시간 동안 필요한 에너지를 공급하기가 쉽지 않을 것이다. 이에 대한 해결책으로 그 긴 시간 동안, 마치 기계를 껐다가 다시 켜는 것처럼 냉동 인간이 되는 방법을 선택한다면 한 번에 문제가 해결된다. 냉동 인간은 마치 겨울잠에 빠진 것처럼 기계 속에 누워 있다가 누군가가 기계장치를 끄는 순간 잠에서 깨어난다. 바깥 세계의 시간은 계속 흘러가고 있지만 내 몸의 시계는 멈춰버리는 것이다.

　이러한 냉동 인간은 상상 속에만 존재하지 않는다. 사실 수 년 전부터 현실 세계에도 냉동 인간이 있었다. 다만 냉동 인간이 된 사람 중 다시 깨어나 원래의 일상을 살기 시작한 사람은 아직 없다. 그래서 이 기술이

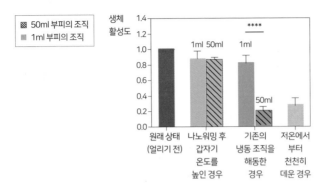

얼마나 우리의 상상에 가깝고 완벽한지는 아무도 모른다. 하지만 사람을 순간적으로 냉동시켜 생체 활동을 중단시키는 것은 분명 가능하다. 냉동 인간을 만드는 기술은 어떻게 작동하는 걸까? 그리고 이렇게 끝없이 잠을 자는 것 같은 냉동 인간 상태와 낮은 온도의 환경 속에서 겨울잠을 자는 상태는 어떻게 다를까?

2018년을 기준으로 미국에서 냉동 인간이 된 사람은 300여 명이다. 미국의 알코어재단이나 크라이오닉스협회에서 제공하는 통계에 의하면 2019년에는 170여 명의 환자와 1,800여 명의 회원이 있었다.

냉동 인간이 되면 깨어날 수 있으리라는 보장이 없을뿐더러 깨어날 수 있다고 해도 그 시점이 언제일지 알 수가 없다. 비용 역시 엄청나서 아무나 할 수 없는 선택이다.

냉동 인간이 되는 것은 말 그대로 정말 사람을 '냉동'시키는 것은 아니다. 사람의 몸을 구성하고 있는 세포에는 물이 들어 있다. 물이 얼게 되면 부피가 늘어나고 결정이 생긴다. 세포가 얼게 되면 세포 내 구조물은 물

잠이 부족한 당신에게 뇌과학을 처방합니다

론 세포 자체가 파괴된다. 피부, 근육뿐 아니라 뇌와 혈관 모두 파괴되므로 사람의 몸이 언다는 것은 거의 죽음에 가까운 심각한 신체 손상 혹은 죽음을 의미한다. 요구르트나 캔맥주를 냉동실에 오랫동안 얼려봤거나 컵에 물을 가득 담아 얼린 경험이 있다면 쉽게 상상할 수 있을 것이다.

냉동 인간이 되는 첫 번째 과정은 체내에 존재하는 액체, 즉 피를 다른 물질로 바꾸는 것이다. 이 물질은 얼지 않으면서 매우 낮은 온도에서 마치 유리를 구성하는 입자처럼 촘촘하고 일정하게 배열된다. 그다음 섭씨 약 -140도 정도의 저온에서 '보존'하면 된다.

다음 단계는 잘 보존된 신체를 원래대로 녹여 복구시키는 것이다. 기증받은 장기를 오랫동안 손상 없이 보존하는 경우와 같이 이 기술이 필요한 영역이 생각보다 많아 연구가 활발히 이루어지고 있다. 아쉽게도 아직 전신을 얼렸다가 녹이는 과정은 한 번도 제대로 수행된 적이 없다. 2017년 '나노 워밍(Nanowarming)'이라는 기술로 돼지의 경동맥 조직 약 50ml를 얼렸다가 온전히 녹이는 데 성공했다는 보고가 있긴 하지만, 사람의 생체 조직을 큰 부피 그대로 오랜 시간 동안 얼렸다가 녹여 이식하는 데 성공한 사례는 아직 없다.

잠과 물은 삶의 구원자다.

– 소피아 부텔라(배우)

Sleep and water are lifesavers.

- Sofia Boutella

12

물고기의 잠

A │ 아쿠아리움 저녁에 오니 색다르네. 그런데 물고기는 잠을 안 잘까? 안 자니까 야간 개장도 하는 거겠지? 아냐, 자기엔 이른 시간이려나.

B │ 어쩌면 지금도 자고 있는 걸 수도 있어. 저것 봐!

A │ 납작 가오리구나? 오, 진짜 자러 가는 것처럼 방금 바닥에 안착했어.

B │ 사람 시선으로 보는 거긴 하지만, 바닥에 붙어 있으니 정말 자는 것 같네.

물속에 사는 물고기도 잠을 잘까? 만약 그렇다면 어떤 모습으로 잘까? 집에서 키우던 물고기가 눈을 감고 자는 모습을 본 적이 있는지 기억을 샅샅이 뒤져보자. 나 역시 어린 시절 집에서 여러 마리의 열대어를 길렀다. 하지만 아무리 생각해도 물고기가 잠을 자는 모습은 잘 떠오르지 않는다. 내가 먼저 자느라 물고기가 자는지 안 자는지는 신경 쓸 겨를이 없었던 것일까? 혹시 물속에서 편안하게 떠다니는 것이 사실은 잠을 자고 있는 것이었을까? 물고기의 잠에 대해서 알아보자.

각성의 아이콘, 물고기

■

오래전부터 물고기는 잠을 자지 않을 것이라고 여겨졌다. 물속을 헤엄치는 물고기들은 대부분 지느러미를 움직인다. 우리가 익히 아는 잠자는 상태는 신체의 움직임이 거의 없고 눈을 감은 모습인데, 물고기는 끊임없이 움직이기 때문에 잠을 자지 않으리라 생각되어왔다. 이러한 인식 때문에 불교의 일부 종파에서는 물고기를 각성의 아이콘으로 여기기도 했다. 대승불교 사찰에 가면 나무로 만든 물고기 모양의 조각을 쉽게 볼 수 있다. 이 나무 물고기는 경문을 읊는 승려들이 박자를 맞출 때나 참선하는 승려들을 깨우는 데에 이용되었다.

실제로 어떤 물고기는 잠을 아예 자지 않는 듯 보인다. 이런 경우는 얕은 곳에서 수면 가까이 사는 물고기보다 먼바다의 깊은 물속에 사는 물고기에게서 많이 보인다. 대서양 고등어, 참치, 가다랑어나 몇 종류의 상어가 그 예다. 이 물고기들은 실제로 잠을 자지 않는다. 또 다른 경우로 바다 깊숙한 곳의 어두운 동굴 속에 사는 물고기가 있는데, 이들

눈 없는 물고기

잠이 부족한 당신에게 뇌과학을 처방합니다

은 눈이 안 보이는 경우가 많고 잠을 자지 않는다고 본다.

잠을 자지 않는 물고기는 사는 곳의 환경에 큰 변화가 일어나지 않는다는 공통점을 가지고 있다. 해안가에서 멀리 떨어진 바다, 수심이 아주 깊은 바다, 어둡고 빛이 들지 않는 해저 동굴에서는 갑작스러운 변화나 외부로부터의 자극이 거의 없다. 때문에 완전히 새로운 경험이나 기억이 생성될 일이 별로 없다.

자, 여기서 잠의 역할과 기능을 다시 떠올려보자. 잠의 주요한 기능 중 하나가 깨어 있는 동안 겪었던 일에 대한 기억을 정리하고 또 견고하게 만드는 것이라고 했다. 그렇다면 새로운 경험과 기억이 거의 생겨나지 않는 심해의 물고기가 잠을 자지 않는 것이 이해가 된다.

이 물고기들이 잠을 자지 않는 이유로 생각해볼 만한 점이 하나 더 있다. 주변 환경이 거의 일정하기 때문에 이들도 거의 같은 행동을 반복하는 경우가 많다는 게 그것이다. 환경 변화가 극심한 곳에 사는 물고기에 비해 깨어 있는 상태에서 움직임이 많지 않으므로, 쉬거나 잠을 자야 할 필요도 없다.

물고기도 꿈을 꿀까?

■

그러나 잠을 자는 물고기들도 있다. 이 경우 대부분 물속에서 가만히 떠 있는 상태로 자는데, 일부 물고기는 머리를 약간 수면 쪽으로 들고 꼬리와 지느러미는 축 늘어뜨린 채 자기도 한다. 또 어떤 물고기는 잠들었을 때 조심스레 손으로 떠서 수면 위까지 올리는 게 가능할 정도다.

그렇다면 잠을 자는 물고기가 꿈도 꿀까? 잠을 자는지는 뇌파를 측정하지 않아도 겉으로 드러나 보이는 행동 변화로 쉽게 알 수 있다지만, 꿈을 꾸는지 아닌지는 뇌파를 측정하지 않으면 정말 알 수 없다. 특히 사람처럼 의사소통을 할 수도 없으니 밝혀진 게 거의 없다.

다만 물고기도 수면 부족이나 불면증에 시달릴 수 있다는 것은 알려져 있다. 실제로 2007년 한 연구진이 밤에 잠을 자는 것으로 알려진 물고기인 제브라피쉬(Zebrafish)를 대상으로 실험을 했다. 연구진은 제브라피쉬가 잠을 자는 밤 시간에 약한 전류를 흘려주거나 밝은 빛을 쪼여줌으로써 물고기가 잠을 잘 수 없게 방해했다. 밤새 방해를 받아 잠을 제대로 자지 못했던 물고기들은 다음 날 낮 동안 각성 정도를 대변할 수 있는, 입과 아가미의 움직임이 줄어들었다. 다시 어두운 환경에 놓이자 평소보다 더 오랜 시간 잠을 자는 듯한 행동을 보였다. 마치 부족한 잠을 보충하려는 것처럼 말이다.

수면 환경	어둠에서 회복하는 데 걸린 시간
방해 없이 잔 경우	50.4±13.7
전류와 빛을 무작위적으로 사용하여 잠을 방해한 경우	67.6±10
전류를 흘려 잠을 방해한 경우	89.4±6.3

잠이 부족한 당신에게 뇌과학을 처방합니다

뜬눈으로 밤을 새우는 어(漁)선생

■

잠든 물고기는 다른 동물들과 마찬가지로 움직임이나 외부 자극에 대한 반응이 거의 없다. 하지만 이들이 눈을 감기도 할까? 안타깝게도 물고기에게는 눈꺼풀이 없어 뜬눈으로 잠을 자야 한다.

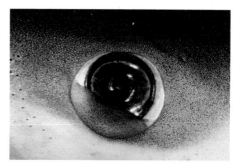

상어의 눈을 순막이 덮고 있는 사진

또 일부 물고기의 경우 눈꺼풀은 없지만 눈을 덮는 세 번째 눈꺼풀이라고 할 수 있는 '순막'이 있다.

동물이 잠을 잘 때 눈을 감는 가장 큰 이유는 빛을 차단하기 위해서다. 하지만 물고기의 경우 육지에서와 달리 빛이 많이 들지 않는 환경에 살고 있기 때문에 굳이 눈을 감지 않아도 잠을 자는 데 큰 무리가 없다.

물고기는 언제 잘까?

■

물고기가 사는 환경은 우리가 사는 육지처럼 빛이 많이 들지 않는다. 빛의 양 변화가 별로 없는데도 낮과 밤을 구분해서 잠을 자는 게 가능할까?

물고기도 다른 동물처럼 몸의 활성 정도가 하루, 즉 24시간을 주기로 변화한다. 일종의 생체 시계를 가지고 있는 것인데, 이 시계가 작동하면서 매일 비슷한 때에 잠을 자게 된다. 생체 시계는 육상 동물의 경우처럼 물고기가 사는 세상 밖에서 들어오는 빛에 의해서도 조절될 수도 있고, 물고기를 둘러싼 환경의 온도 변화, 주위에서 얻을 수 있는 먹이 양의 변화에 의해서도 조절된다.

연어의 경우 주변 환경의 온도가 변하는 것에 따라 잠을 자는 시간이 변한다. 대서양에 서식하는 독중개, 북미 담수 메기 같은 물고기는 여름 동안에는 야행성이다가 겨울이 찾아와 해가 짧아지면 점점 주행성으로 변한다. 흰빨판이라는 물고기는 여럿이 모여 지낼 때는 주행성으로 행동하다가 혼자 지내게 되면 야행성으로 변한다. 집에서 많이 기르는 금붕어의 경우 밥을 주는 시간에 따라 잠자는 시간이 변하기도 한다.

일생 동안 특정 시기에만 잠을 자거나 잠을 자지 않는 경우도 있다. 많은 물고기가 치어일 때는 잠을 자지 않다가 성체가 되면서 잠을 자기 시작한다. 아기일 때 잠을 무척 많이 자다가 성장하면서 잠자는 시간이 줄어드는 사람과는 반대인 셈이다. 흑도미는 평소에 잠을 자는 물고기인데, 산란기나 대규모로 이동하는 시기가 되면 전혀 잠을 자지 않는다. 열대어의 일종인 시클리드나 큰가시고기의 경우 알을 품는 동안은 잠을 자지 않는다. 부모 물고기가 잠이 든 사이 포식자가 와서 알을 잡아먹을까 봐 그렇다. 부모 물고기가 24시간 쉬지 않고 지느러미로 알을 굴리며 산소를 공급해줘야 하기 때문에도 잠을 잘 수 없다. 부모가 되면 잠을 못 자게 되는 건 사람과 같은 모양이다.

잠이 부족한 당신에게 뇌과학을 처방합니다

이불 덮고 자는 물고기

■

대부분 동물은 잠을 자는 동안 호흡률이나 심장 박동을 비롯한 기본적인 생체 기능이 떨어진다. 또 주변 환경의 변화와 자극을 잘 감지하지 못하고 반응도 느려진다. 잠이 들면 일종의 무방비 상태에 놓이게 되는 것이다. 물속 세계에서도 포식자와 피식자가 존재하는데, 잠든 동안 물고기들은 자기 자신을 어떻게 보호할까?

물고기의 잠은 육상 동물의 경우와 달리 아주 깊지 않은 경우가 많다. 잠든 물고기 대부분은 깨어 있을 때보다 반응이 훨씬 느리고 주위 환경의 자극에 덜 민감하긴 하지만, 잠을 자는 동안에도 끊임없이 작은 움직임을 보인다. 육상 동물이 잠을 잘 때 계속해서 숨을 쉬는 것처럼 물고기도 잠을 자는 동안 아가미를 통해 끊임없이 물을 순환시켜 호흡한다. 호흡이야 생명 유지를 위해 꼭 필요한 움직임이고, 잠을 방해할 정도의 움직임도 아니지 않나 생각할 수 있다. 하지만 물고기는 잠이 든 뒤에 천천히 헤엄을 치기까지 한다.

그렇다면 물고기는 절대 맘놓고 깊은 잠을 잘 수 없는 걸까? 꼭 그렇지는 않다. 어떤 물고기는 바닷속 바닥에 바싹 붙어서 또는 모래 속에 파묻혀 깊은 잠을 잔다. 또 해조류가 무성한 곳이나 산호초의 틈새, 해면

텅 빈 비늘돔의 점액질성 수면 주머니. 잠을 자는 동안 만들어서 몸을 감쌌다가 버리고 간 것이다.

속에 숨어 잠을 자는 물고기도 있다. 어떤 물고기는 직접 산호나 해조류 조각을 모아 성이나 둥지 같은 것을 만든 뒤 그곳에서 잠을 잔다. 놀래기과나 비늘돔류의 물고기는 잠을 자기 전에 점액질을 분비해서 몸을 감싼다. 어떻게 보면 이불을 덮고 자는 것이다. 무리를 지어 사는 물고기들은 일부 물고기가 다른 물고기를 에워싸고 안쪽에 있는 물고기들이 잠을 자기도 한다. 이런 식으로 잔다면 미동도 없이 잠을 자는 게 가능하다.

좀 특이한 경우도 있다. 포유동물로 분류되긴 하지만 물속에 사는 동물인 돌고래의 경우, 자는 동안 뇌의 두 반구가 번갈아 활성이 줄어든다. 뇌가 절반씩 돌아가며 잠을 자는 것이다.

물고기의 잠에 대한 사실은 대부분이 추측이라는 느낌이 들 수도 있

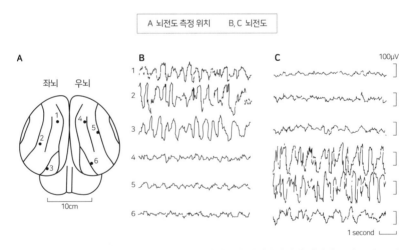

돌고래가 잠을 자는 동안 측정한 뇌전도. 각각의 반구가 번갈아가면서 깨어나고 잠을 자는 것을 알 수 있다.

잠이 부족한 당신에게 뇌과학을 처방합니다

다. 지금까지 잠을 뇌의 활동을 통해서만 정의했던 탓이 클 것이다. 집에 기르는 물고기가 있다면 오늘 밤 그들의 움직임이 어떻게 변하는지, 갑자기 불을 켜 잠을 깨우면 어떤 반응을 보이는지 살펴보면 어떨까. 아직 밝혀지지 않은 새롭고 재미있는 광경이 펼쳐질지도 모르니 말이다.

물속에서도 잠을 잘 수 있을까?

우선 물속 환경에서 사람은 생존할 수가 없다. 구병모의 소설 『아가미』나 영화 〈셰이프 오브 워터〉에서처럼 목덜미에 아가미라도 생겨난다면 모를까, 맨몸으로 물속에서 살아남는다는 것은 절대 불가능하다. 그러니 당연히 물속에 들어가서 잠을 자는 것도 불가능하다. 무엇보다 숨을 쉬어야 하는데, 맨 몸으로 물속에 들어가면 숨을 쉴 수 없으니 잠을 자기는커녕 살아남을 수가 없다.

그럼 생존을 위한 장비만 있다면 물속에서 잠을 자는 것이 가능할까? 가능할지도 모르겠다. 하지만 아직까지 그런 시도를 해본 사람은 없다. 깊은 물속에 지낼 수 있는 공간을 마련해놓고 살았던 경우는 있다. 마치 우주선을 타고 우주 공간에 나가 체류하는 것과 비슷하게 말이다. 2014년 MIT를 포함해서 다양한 소속의 과학자, 공학자, 사진가 들이 한 달 동안 물속에서 생활했던 적이 있다. 이들은 수심 19m 정도에 '아쿠아리우스'라는 이름의 거대한 잠수함 같은 곳을 마련해놓고, 그곳에서 먹고 자는 일을 해결했다. 그러나 사실 이 경우도 잠수함 안에서 생활한 것이기 때문에 물고기처럼 물속에서 잠을 잔 것이라고 보기는 어렵다.

그 밖에 스쿠버다이빙을 하다가 잠들었다는 사람도 있지만, 실제로 잠이 들었다기보다 순간적으로 깜빡 졸았거나 까무러친 경우라고 봐야 할 듯하다. 물속에서 산소 공급이 원활히 이루어지고, 물살에 휩쓸려가는 등의 위험 상황에 대한 안전 장치가 제대로 갖추어져 있다면 물속이라고 해서 잠을 자지 못할 이유는 없을 것이다. 하지만 실제로 물에 신체가 노출된 상태에서 잠을 잔 경우는 아직 알려진 바가 없다.

구름은 잠들지 않는 유일한 새다.

- 빅토르 위고(작가)

The clouds, the only birds that never sleep.

- Victor Hugo

13

새의 잠

A︱꽤 멀다. 밤이라 그런가.

B︱저 언덕만 넘으면 돼. 무섭니, 혹시?

A︱아니? 애도 아니고 무섭긴.

B︱엇, 저기 봐봐. 저기 나무 위에 하얀 것들 보여? 영혼나무를 다 만나네.

A︱영혼나무?

B︱응. 밤에 진짜 가끔 보이는데, 눈만 안 마주치면 괜찮아. 조심해.

A가 가방끈을 꽉 쥔 채 문제의 영혼나무를 지나는데, B가 갑자기 바닥에서 돌멩이를 주워 휙 집어던진다. 나무 위의 흰 영혼들이 푸드덕거리며 하늘로 날아오른다.

A︱으아악! 뭐야!

B ㅣ 와하하. 깜짝 놀랐지? 영혼나무가 어딨어, 저거 쇠백로야. 나무 위에서 무리 지어 자는 새.

한밤중의 인적 드문 시골 언덕길을 상상해보라. 온통 깜깜한데 양쪽에는 숲이 우거져 있다. 보이는 것이라곤 달빛과 나무 그림자뿐이다. 그런데 하얀 물체가 달빛을 반사시키며 나무 위에 무리 지어 앉아 있다니. 본 적이 없다면 쇠백로라고 쉽게 알아차리긴 어려울 것이다.

그런데 참새나 박새라면 모를까 쇠백로는 몸집이 커다란 새다. 이렇게 몸집이 큰 새가 나무 위에 올라가 잠을 잔다는 것이 신기하다. 아무

나무 위에 무리 지어 있는 백로

잠이 부족한 당신에게 뇌과학을 처방합니다

리 무리를 지었다지만 둥지도 없이 아무렇게나 나무 위에서 잠을 자는 게 가능할까? 혹시 대부분의 새가 원래 이렇게 나무 위에 올라가서 잠을 자는 것일까?

새는 종마다 다양한 곳에서 산다. 나무 위에서 사는 새, 땅바닥 가까이 둥지를 트는 새, 물가에서 사는 새, 절벽에 사는 새도 있다. 다양한 종과 환경만큼, 잠을 자는 방식과 잠의 형태 역시 매우 다양하다.

새는 반쪽짜리 잠을 잔다

■

새 역시 대부분의 포유동물처럼 렘수면과 비 렘수면 단계를 거치며 잠을 잔다. 하지만 포유동물에 비해 두 가지 잠의 단계 모두 그 길이가 매우 짧다는 것이 새의 잠에서 나타나는 특징이다. 보통 비 렘수면의 지속 시간은 2~3분 정도, 렘수면의 평균 지속 시간은 9초 정도라고 알려져 있다. 사람의 경우 렘수면과 비 렘수면 모두 수십 분에서 몇 시간 단위씩 지속되고 각 단계가 번갈아 나타나며 오랫동안 잠을 잔다는 것을 생각해보면, 새의 잠은 매우 짧고 얕을 것으로 생각된다.

많은 연구 결과에서 새가 한쪽 눈을 뜨고 잔다든지, 뇌의 반은 깨어 있는 채로 잠을 잔다고 보고하고 있다. 반쪽짜리 잠을 자는 것은 돌고래 같은 해양 포유동물과 매우 비슷하다. 새는 스스로의 의지로 '반쪽짜리 잠'을 잘 수 있어서 밤 동안 벌어질 수 있는 위험한 상황에 항상 대비를 할 수 있다. 이런 식으로 반쪽짜리 잠을 자다가도 주위 상황이 매우 안

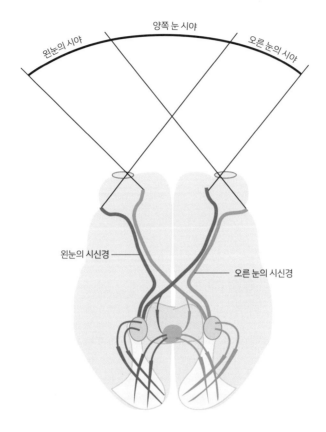

왼눈의 시야 　　양쪽 눈 시야　　 오른 눈의 시야

왼눈의 시신경

오른 눈의 시신경

사람의 시신경은 양쪽 눈에서 양쪽 뇌 반구로 모두 연결되어 있다. 양쪽 눈에서 받아들인 시각 정보를 뇌에서 종합적으로 처리하여 우리는 입체적이고 넓은 각도의 시야를 가지게 된다.

전하다고 판단이 되면 뇌의 두 반구가 동시에 잠들게 할 수도 있다. 그야말로 잠의 마술사다. 부럽기 짝이 없다.

대표적으로 반쪽짜리 잠을 자는 새는 주변에서 쉽게 볼 수 있는 청둥오리다. 청둥오리는 종종 줄을 지어서 휴식을 취한다. 이때 제일 끝에 있는 오리를 보면 옆에 다른 오리가 있는 방향의 눈만 감고 잠을 자고 있다.

사람의 경우 눈을 뜨고 자는 것은 거의 불가능하다. 더군다나 한쪽 눈은 뜨고 한쪽 눈은 감고 잠을 자는 것은 아무리 상상해봐도 어색하고 이상하다. 청둥오리는 어떻게 이 상태로 잠을 자는 걸까?

한쪽 눈만 뜨고 잠을 자는 게 가능한 까닭은 새와 사람의 눈, 정확히 말하면 눈에서 받아들이는 빛 신호를 전달하는 신경계의 구조가 다르기 때문이다. 사람의 시신경은 한쪽 눈에서 받아들인 빛 신호를 양쪽 뇌 반구로 모두 보낸다. 한쪽 눈에서 출발한 신경은 반대쪽 뇌 반구로 연결되어 있다고 알려져 있는데, 100% 반대쪽 반구로만 연결되어 있는 것은 아니다. 양쪽 반구로 전달되는 비율에 차이가 있을 뿐 사람의 눈 두 개는 양쪽 반구로 모두 신호를 전달한

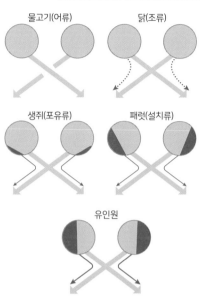

양쪽 눈에서 보이는 시야가 어느 쪽 반구에서 처리되는지가 나타난 그림이다. 생물종마다 시각 신경계는 다른 형태로 발달한다. 조류의 경우 초기 배아 단계 때는 양쪽으로 시각 신경이 모두 만들어진다. 하지만 알에서 깨어날 때쯤이면 반대쪽 반구로 연결된 시각 신경만 계속 남아 있고 눈의 위치와 같은 쪽 반구로 연결된 시각 신경은 사라지게 된다. 물고기의 경우 초기 발달 단계부터 완전히 한쪽 방향으로만 시각 신경이 발달된다. 인간을 포함한 대부분 포유동물은 양쪽으로 시각 신경이 모두 발달한다.

다. 따라서 한쪽 눈을 살짝 뜨고 있어도 양쪽 뇌가 모두 외부에서 오는 빛 자극을 인식한다.

이와 달리 새의 시신경은 각각의 눈에서 완전히 한쪽 뇌로만 신호를

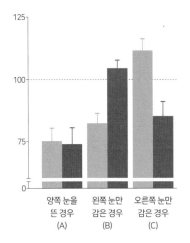

줄지어 잠든 청둥오리에게서 뇌파를 측정해보았더니 실제로 한쪽 눈만 감고 자는 상태에서는 양쪽 뇌 반구에서 측정되는 뇌파가 다르게 나타났다. 뇌파 세기가 강할수록 깊은 잠에 빠진 상태로, 뜬눈의 반대쪽 뇌반구 활성만 낮아지는 것이 확인됐다.

보낸다. 따라서 한쪽 눈을 감으면 한쪽 뇌 반구로만 빛 자극이 전달되고 나머지 뇌 반구는 주위 환경을 '완전한 어둠' 상태로 인식하게 된다. 이런 식으로 새는 원하는 쪽 뇌 반구만 잠에 들게 할 수 있을 뿐 아니라 눈을 뜨는 정도를 조절해 뇌가 잠에 빠지는 깊이를 마음대로 바꿀 수도 있다. 한쪽 뇌만 아주 깊이, 서파수면에 들게 한 상태를 단일 반구 서파수면(USWS, Unihemispheric Slow Wave Sleep)이라고 부른다.

이 같은 수면 형태는 줄지어 잠을 자고 있는 청둥오리의 뇌파를 측정해보면 실제로 확인해볼 수 있다. 무리의 가운데에서 양쪽 눈을 모두 감고 잠을 자는 청둥오리, 가장자리에서 한쪽 눈만 감고 자는 청둥오리의 뇌파를 측정해본 연구 결과가 있다. 똑같이 잠을 자고 있는 것 같지만, 이 오리들의 뇌파는 전혀 다른 형태를 보인다. 가장자리에서 한쪽 눈만 감고 자는 오리 중에서도 왼쪽 눈만 감은 경우와 오른쪽 눈만 감은 경우에 뇌파의 형태는 또 다르다.

가운데에서 두 눈을 모두 감고 자는 오리의 뇌파는 양쪽 반구에서 모두 깊은 서파수면 상태를 나타낸다. 하지만 왼쪽 눈만 감고 자는 오리의 경우 우반구에서만, 오른쪽 눈만 감고 자는 오리의 경우 좌반구에서만 깊은 서파수면 상태의 뇌파가 관찰됐다. 나머지 반구에서는 각성 상태의 뇌파가 나타났다.

새는 언제 잘까?

■

새는 반쪽짜리 잠을 자거나, 몇 분도 채 되지 않는 잠을 여러 번 자는 등 특이한 형태의 잠을 잘 수 있는 능력을 가졌다. 여러 종의 새에서 특이한 형태의 잠이 관찰된다고 하지만 다른 동물과 비슷하게 잠을 자는 새도 많이 있다. 특히 잠을 자는 시간을 보면 그렇다. 대부분의 새는 다른 동물들과 같이 밤 시간에 잠을 자고 낮 시간에 깨어 활동한다. 물론 반대로 낮에 잠을 자고 밤에 활동하는 야행성 새도 있다. 부엉이가 그 대표적인 예다.

왜가리나 학을 비롯한 섭금류 새는 하루 중 잠을 자는 시간대가 특정하게 정해져 있지 않다. 이 새들은 물가에 살면서 먹이를 먹을 수 있을 때 활동하고, 먹이를 잡기 어려운 때에 잠을 잔다. 조류의 흐름에 따라 썰물 때 깨어 먹이를 사냥하고 밀물 때 잠을 자는 것이다. 실제로 많은 새가 특정 시간대에 자기보다 주변 환경이 얼마나 안전한가, 또 먹이를 구하기가 좋은가에 따라 잠을 잔다. 그래서 새들에게는 잠이 그렇게 필요하지 않다고 주장하고 있는 과학자도 있다.

대이동을 하는 새의 잠
■

자다가 깨다가 하는 것이 도대체 잠을 잔다고 할 수 있는 것인가 싶
기도 하다. 그래도 이들은 자리를 잡고 잠을 자는 편이니 별로 놀랄 일
도 아니다. 제비과에 속하는 몇몇 새들이나 알바트로스는 공기 중에 떠
있는 동안에 잠을 자기도 한다고 알려져 있다(왠지 위험할 것 같다. 졸음
운전, 아니 졸음 비행 아닌가).

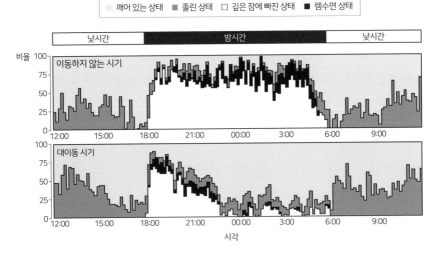

대이동을 하는 흰 줄무늬 참새의 뇌 활성을 확인해보니 이동하는 기간 동안 잠을 자는 시간이
대폭 줄어든 것을 확인할 수 있다. 또 대이동 시기에 졸린 상태, 즉 수면 부족 상태인 시간이
좀 더 늘어난 것을 볼 수 있다. 이 그래프에서는 짧은 낮잠은 측정되지 않았다.

잠이 부족한 당신에게 뇌과학을 처방합니다

계절에 따라 대이동을 하는 새들은 대부분 밤 동안 움직인다. 밤에 주로 이동을 하고 낮에는 쉰다고 하지만, 아무래도 이동을 하지 않는 때와 비교해보면 잠을 잘 수 있는 시간은 짧아지고, 피곤한 정도는 더 심해질 수밖에 없다. 자연스럽게 이 시기 동안 새들은 엄청난 수면 부족 상태에 놓인다.

대이동을 하는 새들은 이동을 하지 않는 낮 동안 최대한 에너지를 회복할 수 있도록 평소보다 낮잠을 더 잔다. 이때 자는 낮잠의 형태가 특이하다. 우선 수면의 지속 시간이 매우 짧다. 한번 잘 때 1~2분 정도밖에 자지 않는 경우가 대부분이다. 대신 잠을 자는 빈도가 매우 높다. 하루 낮 동안 약 100회 이상까지 이렇게 짧은 낮잠을 잘 수 있다고 한다.

새는 어디서 잘까?

■

사람은 집에서 잠을 잔다. 새는 어디서 잘까? 새도 집에서 잠을 자지 않을까? 그렇다면 새의 집은 어딜까? 아마 대부분의 사람들이 '둥지'라고 대답할 것이다. 하지만 이 대답은 틀렸다. 사실 새의 둥지는 사람의 집처럼 잠을 자고 휴식을 취하는 공간이 아니다.

새가 새끼를 낳아 기를 때는 여러 마리를 한데 모아 따뜻하게 품고 관리해야 하기 때문에 둥지가 필요하다. 새는 둥지를 알을 품거나 아직 어린 새끼들이 지낼 공간으로만 쓴다. 대부분 잠은 둥지에서 자지 않는다. 둥지는 천적들의 공격으로부터 그리 안전하지도 않다. 어린 새의 경우 자유롭게 움직이지도 못하고, 천적이 나타났을 때 재빨리 도망치거나 스스로를 보호하기도 어렵기 때문에 둥지를 지어주는 것이 도움이 된다. 하지만 성체가 된 새의 경우 둥지의 도움을 받을 일이 없다. 따라서 알을 품거나 새끼를 키우는 때가 아니면 둥지를 굳이 만들지 않으며, 둥지가 있어도 그곳에 들어가 밤새 잠을 자는 경우는 거의 없다.

둥지에서 잠을 자지 않는다면, 새들이 잠을 자는 곳은 어디일까? 새는 그 종에 따라, 주변 환경에 따라 자는 곳과 잘 때 보이는 행동이 매우 다양하다.

가장 많은 새들이 잠을 자는 곳은 빽빽한 수풀이나 나뭇가지 위다. 홍관조, 개똥지빠귀, 울새는 나뭇가지나 관목 숲의 잔가지에 발을 꼭 붙이고 밤 동안 꾸벅꾸벅 존다. 까마귀나 찌르레기 종류는 여러 마리가 나무 위에 무리 지어 홰를 치고 잠을 잔다. 홰를 치는 장소는 대부분 빽빽한 덤불이나 잎사귀 속이다.

어린 새의 대부분은 깃털이 나고 몇 주 동안 형제자매 새와 함께 나뭇가지에서 무리 지어 잠을 잔다. 어린 새일수록 무리를 지어 자는 경우가 많은데, 성체보다 포식자로부터 더 쉽게 공격받을 수 있기 때문에 무리를 지어 위험한 상황을 줄이려는 것이다. 또 둥지를 떠나기 전 형제자매와 모여 있던 것과 유사한 환경을 만들어 안정감을 느끼려는 것도 하나의 이유다.

여러 마리가 공동으로 둥지를 지어 사는 딱따구리나 박새, 동고비 같은 경우 나름의 '집'에서 잠을 잔다. 여기서 이들의 집은 우리가 흔히 생각하는 나뭇가지와 짚풀 같은 것으로 만들어진 둥지가 아니고, 나무에

잠이 부족한 당신에게 뇌과학을 처방합니다

판 구멍이다. 이들은 나무둥치에 구멍을 파고 그 안에 들어가 잠을 잔다. 칼새의 경우 나무를 직접 파지는 않고, 깊은 굴뚝이나 속이 빈 나무 속으로 쑥 들어가서 잔다.

굴뚝 속의 칼새

물 위에서 자기도 한다. 대부분의 오리는 밤 동안 물 위에 뜬 채 살살 발장구를 치면서 잠을 잔다. 거위나 오리는 물갈퀴 때문에 나무 위에 올라가 자는 것이 불가능하다. 또 이들을 잡아먹는 천적은 주로 코요테와 같은 육상 동물으로 천적이 접근하기 어려운 물 위에 떠서 잠을 자면 훨씬 안전해진다. 물 위에서 잠을 자면 물에서 생활하지 않는 포식자가 갑자기 다가올 수 없다. 뿐만 아니라 포식자가 수면을 가로질러 다가온다고 하더라도 다가올 때 일어나는 수면의 진동을 느끼고 더 빠르게 도망칠 수 있다. 만약 물 위에 작은 섬 같은 구조물이 있다면 그 위에 올라가 잠을 자기도 한다.

어떨 때는 물가에 올라와 잠을 자기도 한다. 물 위에 올라와서 자는 오리나 거위를 보면 한쪽 다리로만 버티고 서서 잠을 잔다. 나머지 한쪽 다리는 깃털 속에 파묻고 자는데 체온을 유지하기 위해서다. 다리뿐 아니라 부리도 깃털 속에 파묻고 자는 경우가 많은데, 부리 역시 다리처럼 체온이 빨리 식을 수 있기 때문이다. 따뜻한 깃털 속에 고개를 파묻고 숨을 쉬면 신체 부위만 따뜻하게 유지하는 게 아니라 따뜻한 공기를 호흡할 수도 있다.

물 위에서 잠든 오리. 깃털 속에 부리를 파묻고 있다.

물가에서 잠든 거위. 한쪽 다리와 부리를 깃털 속에 파묻고 잠들었다.

물떼새류는 개방된 해변가에서 잠을 잔다. 사방이 뚫려 있는 이들의 잠자리는 어느 방향으로나 노출되어 있기 때문에 상당히 위험하다. 높은 하늘에서 급강하하여 이들을 사냥하는 맹금류의 공격을 피하기 위해 이들은 크게 무리 지어 잠을 잔다. 또 뇌의 반쪽만 잠을 자는 방법을 통해 계속 주위를 경계한다.

특이한 대형을 이루고 자기도 한다. 북미대륙에 사는 메추라기의 한 종은 자는 방식이 매우 특이하기로 유명하다. 이 작은 새는 땅바닥에 동그랗게 모여서 잠을 자는데, 다들 머리를 바깥쪽으로 하고 꼬리는 안쪽으로 넣은 채 원 모양을 만든다. 여우가 종종 메추라기를 잡아먹는데, 이런 형태로 잠을 자면 여우가 살금살금 다가올 때 잽싸게 도망가기 쉽다.

반면 아무 데서나 자는 경우도 있다. 몸집이 큰 새가 그렇다. 앞서 소개한 다른 새처럼 물 위에서 자거나 나뭇가지 위에 올라가 자는 경우도 있지만, 몸집이 큰 새만이 할 수 있는 것이 주변이 개방된 곳의 낮은 지면 위에서 아무렇게나 잠을 자는 일이다. 섭금류인 학이나 왜가리를 비

잠이 부족한 당신에게 뇌과학을 처방합니다

롯한 커다란 새는 주의해야 할 포식자
가 그리 많지 않다. 그래서 이렇게 개
방된 곳에서 아무렇게나 잠을 자도 큰
문제가 없다.

하나 문제가 되는 경우는 악어의
공격이다. 악어의 경우 섭금류같은
큰 새를 공격할 수 있는데, 주로 얕은

북극의 눈 위에 사는 상아갈매기. 발은 까맣
지만 온통 깃털이 희다.

물가에서 잠을 자고 있던 새를 공격한다. 다행인 것은 이때에도 발을
물에 담근 채로 잠을 자고 있으면 악어가 서서히 다가올 때 일어나는
물의 진동을 감지할 수 있어 속수무책으로 당하지만은 않는다는 점이
다. 그리고 악어와 같은 천적으로부터 공격을 받을 가능성이 아주 높은
환경에서는 이렇게 큰 새도 물가에 위치한 나무 위에 대규모로 홰를 치
고 잔다.

눈 속에 파묻혀 자는 경우도 있다. 극지방에서는 빽빽한 수풀이 있는
곳을 찾기 어렵다. 올라가 홰를 치고 잘 만한 나무도 많지 않다. 그래서
북쪽 지방에 사는 새는 눈이 쌓인 곳에서 둥지를 틀고 잠을 잔다. 마치
이글루를 짓는 것처럼 보이기도 한다. 또 이렇게 극지방에 사는 새들은
밝고 하얀 깃털 색을 가진 경우가 많은데, 하얀 눈 속에 파묻혀 잠을 잘
때 보호색으로 이용한다.

잠든 새가 나무에서 떨어지지 않는 이유는?

∎

책을 보다가 잠들면 읽던 페이지를 알 수 없게 책이 바닥에 내팽개쳐져 있곤 한다. 그런데 새들은 나뭇가지 같은 것을 꽉 움켜지고 잠까지 잔다. 둥지나 나무 구멍 같은 데에 들어가서 드러누워야 잠이 좀 올 것 같은데, 어떻게 가느다란 나뭇가지를 움켜쥐고서 떨어지지 않고 잘 수 있는 걸까?

우선 새들은 잠이 든다고 해도 전반적으로 근육의 긴장도가 많이 떨어지지 않는다. 맹금류나 나뭇가지에 앉는 새의 발 뒤쪽에는 한 쌍의 강한 힘줄이 있다. 이 힘줄은 새의 다리 안쪽 근육과 연결되어 있다. 새의 발가락은 거의 대부분 앞으로 세 갈래로 뻗고, 뒤로 하나가 더 뻗어 있는 형태로 되어 있다. 각각의 발가락에 뻗어 있는 근육들은 발목까지 뻗어 있는데, 이 근육이 새들이 어딘가에 내려앉거나 발목을 구부리게 되면 힘줄을 잡아당기면서 저절로 발가락이 곱아지게 만든다. 따라서 발목이 쫙 펴져 있지 않은 상황에서는 항상 힘줄에 의해 발가락이 현재 내려앉아 있는 자리를 꽉 움켜쥐게 된다. 이는 잠을 자는 동안에도 마찬가지로 일어나는 일이다. 덕분에 잠을 자는 동안에도 아무 문제 없이 나뭇가지에 단단하게 잘 매달려 있을 수 있다.

거꾸로 매달려서 잠든 벌새

무기력한 겨울잠을 자는 새

■

새는 잠을 잘 때 체온을 유지하기 위해 깃털을 부풀려 세우고 잔다. 또 자는 동안에 열을 발생시키는 경우도 꽤 많다. 이보다 더 극단적이고 적극적으로 자는 동안 체온이 떨어지는 것을 막으려는 반응도 있다. 앞에서 말한 토포어(Torpor), 바로 순간적인 무기력증이다.

정말 추운 곳에서 사는 새의 경우 밤이 되면 매우 짧은 시간 동안 무기력증에 빠져드는 경우가 있다. 이 순간 새는 겨울잠을 자는 동물과 같은 신체 상태가 된다. 쇠박새가 이런 상태를 겪는 종의 하나다. 잠에 빠져들면 이들의 체온은 평상시보다 몇 도씩 떨어지고 체내 대사량, 칼로리 소모량이 확 줄어든다. 이 상태는 몇 시간 정도 지속된다. 벌새의 경우 평소 심장 박동이 분당 1,200회쯤으로 에너지 소모가 매우 큰데, 이를 극복하고 휴식하기 위해 무기력증에 빠진다. 무기력 상태에 빠진 벌새는 체온이 평소의 절반 정도로 떨어진다.

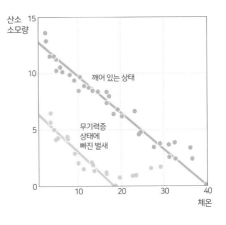

무기력증 상태에 빠져들면 대사량이 엄청나게 줄어든다.

새는 잠의 지배자?

■

새의 잠은 다른 동물의 잠과 다른 점이 많다. 하루에 정해진 시간 동안 꼭 잠을 자야 할 필요가 없다는 점도 그렇고, 잠을 자는 시간대가 일정하지 않다는 점도 그렇다. 특히 1~2분 정도로 짧게 자는 것으로도 충분히 휴식을 취할 수 있다는 건 정말 대단하다는 생각이 든다.

그런데 이 모든 점보다 훨씬 특이한 점은 바로 단일 반구 서파수면이 아닐까? 자연스럽게 한쪽씩 번갈아 감을 수 있고 또 그렇게 반쪽 뇌를 잠재울 수 있으니 효율적이기 그지없다.

지금은 물론 매우 부럽지만, 마냥 부러워만 하지 않아도 될지 모른다. 비록 쥐에게서 발견된 것이지만 렘수면과 비 렘수면을 조절하는 신경세포들의 정체를 밝혀냈다고도 하니, 머지 않은 미래에 사람의 잠도 맘대로 조정할 수 있는 날이 오지 않을까 기대해본다.

잠이 부족한 당신에게 뇌과학을 처방합니다

'병든 닭처럼 잠을 잔다'는 말은 어쩌다 나온 걸까?

몸이 아프면 밤잠을 설치게 된다. 잠이 들었다가도 쉽게 깨어나길 반복하며 깊이 잠들 수가 없다. 그런데 흔히 시도 때도 없이 피곤해하고 꾸벅꾸벅 조는 사람을 가리켜 '병든 닭처럼 잔다'고 말한다. 이 말은 아플 때 잠을 설친다는 것과는 완전히 반대 상황이다.

몸이 아프면 잠을 적게 또는 얕게 자게 되는 걸까? 아니면 닭을 비유한 말처럼 반대로 잠이 더 쏟아질까? 아프다는 것을 알게 되면 뇌는 신체로 하여금 잠에서 깨어나 고통을 느끼게끔 할까, 아니면 잠에 더 빠져들게 만들까?

결론부터 말하자면 병든 닭처럼 잠을 잔다는 말이 일리가 있는 말이다. 실제로 여러 종의 동물에게서 병에 걸리는 등 몸이 아프면 잠을 더 많이 자게 하는 신호가 발생한다. 1960년대에 한 연구진은 수면 부족 상태인 염소에게서 뇌척수액(CSF, Cerebrospinal Fluid)을 추출하여 보통의 염소에게 주사를 놓았다. 그러자 주사를 맞은 염소는 금세 잠에 빠져들었다. 즉 동물에게는 잠이 부족한 상태가 되면 만들어지는 물질이 존재하고, 그 물질은 동물이 잠에 빠져들도록 유도하는 역할을 한다고 볼 수 있다.

신경계의 구조가 인간보다 훨씬 단순한 벌레(선충, Nematode)을 연구

한 결과도 한번 살펴보자. 이 벌레가 병에 걸리면 신경세포에서 어떤 특별한 물질이 분비된다. 그 이름은 FLP-13이다. FLP-13이 분비되기 시작하자 벌레는 잠에 빠져들었다. 이번에는 1960년대 염소를 대상으로 이루어진 실험에서처럼 이 물질을 병에 걸리지 않은 건강한 벌레에게 주입했다. FLP-13을 주입받은 벌레는 뇌척수액을 맞은 염소의 경우와 마찬가지로 바로 잠에 빠져들었다. 이번에도 염소에게서 발견된 물질처럼 동물이 잠들게 하는 역할을 하는 것 같아 보인다. 그런데 과학자들은 한 걸음 더 나아가 병에 걸린 동물에게서 만들어진 물질이니 이것이 면역 반응과도 관계가 있는 게 아닌가 의심했다.

졸린 염소의 뇌척수액에 있던 물질, 아픈 벌레의 신경세포가 분비한 물질의 정체는 무엇일까? 이 물질은 온전히 동물이 잠에 빠져들게 하는 역할을 가진 물질일까? 아니면 FLP-13을 관찰한 과학자가 의심한 것처럼 면역 등 다른 역할을 하는 물질인데 부수적으로 잠이 오게도 하는 것일까?

조금 더 복잡한 신경계를 가진 동물로 이루어진 연구 결과를 통해 이 물질의 정체를 확실히 알아보자. 이번엔 초파리다. 놀랍게도 초파리에게서도 잠과 질병에서 회복하는 것이 관계가 있는 것이 보였다. 세균에 감염된 초파리들을 살펴봤더니 잠을 더 많이 잔 초파리가 2배 정도 높은 비율로 살아남았다. 이때 세균에 감염된, 아픈 초파리로 하여금 잠에 빠져들게 만든 물질은 '네뮤리(Nemurii)'라는 이름의 유전자였다. (여기서 유전자의 이름인 네뮤리라는 말의 뜻은 일본어로 '잠'이다.) 네뮤리 유전자는 잠을 자는 시간을 늘리는 것뿐 아니라 잠을 잘 때 그 깊이도 깊어지

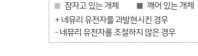

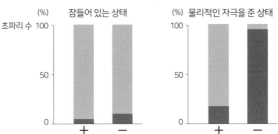

네뮤리 유전자가 과발현된 경우 물리적인 자극을 주더라도 초파리가 잘 깨어나지 않았다. 즉 잠의 깊이가 깊어진 것이다.

게 만들었다. 네뮤리 유전자를 인위적으로 활성화시킨 초파리의 경우, 보통의 초파리라면 잠에서 깨어날 수준으로 흔들어줬을 때에도 잠에서 깨지 않았다.

무엇보다 중요한 사실은, 네뮤리 유전자를 과발현시키자 초파리가 세균에 감염될 확률이 낮아졌다는 것이다. 네뮤리 유전자의 첫 번째 역할은 면역 기능이었던 것이다. 이 사실을 더 확실하게 해주는 증거가 있다. 네뮤리 유전자가 완전히 기능할 수 없게 조작된 초파리의 경우 정상적으로 잠을 잘 잤다. 이 유전자가 잠에 영향을 주긴 하지만, 잠 자체의 존재 유무에 영향을 주는 것은 아닌 것이다.

'병든 닭처럼 잔다'는 말은 괜히 나온 게 아니었다. 연구자들이 관찰한 동물에게서 나타난 잠이 쏟아지는 행동은 면역계가 질병에 대응하

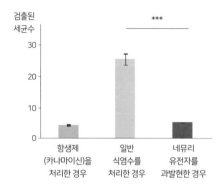

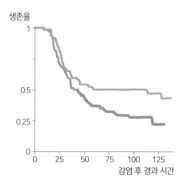

네뮤리 유전자를 과발현한 경우 항생제를 처리한 것과 비슷한 수준으로 세균 감염의 비율이 줄어들었다.

네뮤리 유전자가 과발현된 경우 세균에 감염되었을 때 생존 확률이 훨씬 높았다.

는 반응의 하나로써 나타난 것이었다. 동물의 면역계는 감염과 같은 질병 상황에 대처하기 위해 면역 반응을 하는 물질, 신호가 되는 물질 등 다양한 물질을 분비하는데, 그 물질들이 질병에 대처하기 위한 반응 중 하나로 잠이 오는 것이다.

그런데 왜 하필 잠이 오는 걸까? 몸이 세균에 감염되어 질병에 걸리면 그 활성도가 억제되는 오렉신이라는 물질이 있다. 그런데 오렉신은 각성 상태를 유지시키는 데도 중요한 역할을 한다. 병에 걸리는 것과 잠자는 행동을 조절하는 데 같은 물질이 관여하는 것이다. 오렉신의 양이 줄어들수록 졸음이 쏟아지고 멍한 상태가 된다. 몸이 약해진 상태에서 각성 상태를 유지하려면 에너지가 부족하기 때문에, 자연스럽게 의식을 약화시키고 잠이 오게 하는 방향으로 대처하는 것 같다.

잠이 부족한 당신에게 뇌과학을 처방합니다

또 면역 기능을 하는 물질인 사이토카인의 변화에서도 아픈 것과 잠의 관계가 확인된다. 사이토카인은 감염에 대한 대처나 염증 반응 등 전반적인 면역 작용이 일어날 수 있도록 하는 물질이다. 그리고 잠을 잘 자지 못해 수면 부족 상태가 되면 체내의 사이토카인 양이 늘어난다는 보고가 있다. 잠이 부족하면 우리 몸은 스스로 면역 능력이 떨어지는 아픈 상태라고 인식하고 대응한다. 정말 아프게 되면 잠을 더 자야 하는 상황이라고 인식하게 될 수 있다는 것이다.

모두가 잠들었을 때 깨어 있는 자, 식물이여…

- 토머스 무어(시인)

Plants that wake when others sleep…

- Thomas Moore

14

식물의 잠

엄마 ˈ 요즘은 시골이 없어. 곳곳에 가로등이 훤해서 벼 이삭이나 여물는지 모르겠다.

A ˈ 그치, 요즘 밤에 깜깜한 동네 찾기 어렵죠. 근데 벼 이삭이 왜요?

엄마 ˈ 식물도 사람처럼 밤에는 깜깜한 데서 잘 자야해. 너무 밝으면 잠을 못 자고 잘 여물질 못하거든. 엄마 어릴 땐 길가에 있는 텃밭에서 깨를 키웠는데, 마을에 가로등 들어오고 나서 밤에 깨가 잠 못 잔다고 저녁마다 나가서 가로등 끄고 그랬어.

A ˈ 정말요? 식물은 눈도 없는데 빛이 있는지 어떻게 알고 잠을 자지?

엄마 ˈ 생각해봐라. 꽃도 해를 쫓아가는데 사람 같은 눈이 없어도 다 빛을 느끼는 거지. 너 어릴 때 잠을 잘 자야 키 큰다고 했잖아. 식물도 똑같은 거야.

밤에는 불을 다 끄고 최대한 조도를 낮춘 채 숙면을 취하는 게 자연스럽다. 해가 진 밤 시간에도 사위가 환하게 밝아진 건 현대에 들어와서의 일이다. 그런데 이렇게 밤이면 깜깜한 환경이 더 편안하게 느껴지고, 그러한 환경에서 잘 자는 것이 사람에게만 해당하는 이야기일까? 지구는 자전하고 태양빛을 받고 있으니 낮에는 밝고 밤에는 어두운 게 너무도 당연하게 느껴지긴 하지만, 사람의 인식만 그런 건 아닐까? 이 같은 환경 변화를 인식하고 그 변화에 반응하는 모습이 모든 동물과 식물이 같을까? 식물 역시 같은 태양을 보고 같은 지구 땅에 사니 사람과 마찬가지로 밤에 깜깜하지 않으면 불편함을 느낄까?

식물은 사람을 비롯한 동물들처럼 주위 환경 변화를 감지하는 감각 기관이 없다. 뇌로 대표되는 신경계 자체가 존재하지 않는다. 또 사람은 낮에 활동량이 많고 밤에는 가만히 잠을 잔다. 반면, 식물은 낮이든 밤이든 흙 속에 뿌리내린 채 움직임도 없이 같은 모습으로 존재한다. 그런데 식물도 잠을 잔다고? 엄마가 말하는 깨 이야기는 사실일까? 아무래도 식물이 잠을 잔다는 건 어딘지 어색하다. 식물도 정말 잠을 자는지, 잔다면 식물의 잠은 어떤 모습일지 살펴보자.

식물의 낮과 밤

■

사람은 해가 뜨고 빛이 밝아오면 자연스럽게 잠에서 깨어난다. 밝은 빛이 있어야 시야가 확보되고 움직이고 행동하는 것이 자유로워진다. 밤이 되면 무엇보다 빛이 없어지면서 활동하는 데 제약이 생긴다. 그래

잠이 부족한 당신에게 뇌과학을 처방합니다

서 밤 시간보다는 낮에 주로 활동을 하고, 밤에는 휴식을 취하는 것이 자연스럽다. 반대로 올빼미 같은 야행성 동물의 경우 어두운 밤에 시야가 확보되고, 먹이를 잡고 활동하기가 자유로워진다. 따라서 밤 시간에 주로 활동을 하고, 낮에는 휴식을 취하는 편이다.

그렇다면 식물은 어떨까? 방금 말한 사람과 올빼미의 경우를 살펴보면 '눈'이라는 감각 기관이 시야를 확보할 수 있는지 여부가 주로 활동하는 시간대를 결정짓는 데 중요한 역할을 하고 있다. 그리고 시야를 확보하는 데에 중요한 조건은 빛의 양이다. 그런데 식물은 눈이 없다. 확보할 시야가 존재하지 않으며, 눈을 가진 동물처럼 빛을 받아들일 수 없다. 그러면 낮과 밤을 구분해서 행동할 필요가 있을까?

그런데 놀랍게도 식물 역시 낮과 밤에 보이는 '행동'(이러한 움직임의 변화를 행동이라고 지칭해도 된다면 말이다)이 다르다. 우리 주변에서 볼 수 있는 식물을 살펴보자. 길가에 피어 있는 나팔꽃과 달맞이꽃을 떠올려보자. 낮 동안 활짝 피어 있던 나팔꽃 봉오리는 해가 지고 밤이 되면 다시 돌돌 말려버린다. 그리고 다음 날 아침이 되면 다시 활짝 핀다. 마치 낮과 밤을 구분하는 것 같다.

달맞이꽃은 재미있게도 그 반대다. 이름처럼 달이 뜬 밤에만 꽃이 활짝 핀다. 낮 동안에는 꽃봉오리를 오므린 채로 지낸다. 꽃이 피었다가 오므라드는 것은 눈으로 확연하게 구분할 수 있는 차이다. 꽃의 경우만큼 확실하게 관찰하기는 어려울 수 있지만, 식물의 다른 기관을 살펴봐도 낮밤의 모습엔 차이가 있다. 대부분 식물을 보면 밤에 잎이 아래로 처지는 변화를 보인다. 이렇게 동물처럼 식물도 해가 뜬 낮 시간과 어두운 밤 시간에 보이는 행동이 다르다. 게다가 하필 밤에 보이는 행동이 꽃이 오므라든다거나 잎이 처지는 등 마치 휴식을 취하는 것 같은 행동이다. 달맞이꽃의 경우는 밤낮이 바뀐 야행성 동물 같고 말이다. 그렇다면 식물도 잠을 자는 게 아닐까?

빛을 향해 자라는 식물

■

앞서 동물이 잠을 자는 것, 또 동물과 식물의 행동이 낮과 밤에 달라진다고 할 때 기준 삼았던 것은 빛에 대한 반응이었다. 아직 식물이 '잠을 잔다'라고 확신할 수는 없지만, 식물은 분명히 빛에 대해 반응한다. 그들이 살아가는 데 있어 꼭 필요한 것이 태양에너지, 즉 빛이라는 걸 생각해보면 꽤나 당연한 일이다.

· 굴광성 ·

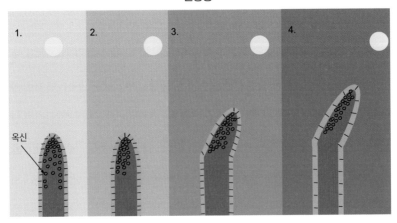

잠이 부족한 당신에게 뇌과학을 처방합니다

인간을 비롯한 동물은 눈이라는 신체 기관을 통해 외부 환경의 빛을 받아들인다. 식물은 눈이 없지만, 온 몸으로 빛을 인식할 수 있다. 그리고 빛을 향해서 또는 빛에서 멀어지는 방향으로 움직인다. 빛의 방향을 따라 움직이는 것을 가장 명확하게 볼 수 있는 식물은 바로 해바라기다. 해바라기는 꽃이 태양을 향해서 움직인다고 해서 그 이름을 얻었다. 해바라기에서 명확히 볼 수 있는 것처럼 식물은 햇빛이 오는 방향에 따라 자신의 몸을 움직인다. 태양빛을 받아 광합성을 하고, 살아가는 데 필요한 에너지를 만들어내야 하기 때문에 태양의 움직임을 인식하고 반응하는 것은 필수적이다. 이렇게 빛을 향해서 구부러지는 식물의 특성을 '굴광성'이라고 한다.

일주기 리듬

■

식물이 낮과 밤에 따라 다른 움직임을 보이는 까닭으로는 빛을 따라 움직이는 특성인 굴광성 외에 한 가지 이유가 더 있다. 바로 일주기 리듬이다. 굴광성은 동물에게서는 나타나지 않는 특징이지만, 일주기 리듬은 동물도 가지고 있다. 사실 일주기 리듬은 동물이 매일 비슷한 시각 잠이 들었다 깨어나는 것을 비롯, 살아가는 데 있어 굉장히 중요한 특성이다. 빛을 인지하면 하루의 시간을 충분히 알 수 있을 텐데 일주기 리듬이라는 특성까지 필요한 이유는 무엇일까?

동물의 일주기 리듬부터 살펴보자. 만약 빛이 들지 않는 곳에 24시간

이상 있게 되면 사람이나 다른 동물은 어떤 반응을 보일까? 깜깜하고 빛이 없다는 건 밤이라는 신호다. 보통 외부로부터 빛 자극이 없고, 밤이라는 것을 인식하게 되면 동물은 잠을 잔다(물론 야행성 동물이라면 반대일 것이다. 지금은 주행성 동물에 대해서 얘기하겠다). 이런 환경에 놓일 일은 사실 많지 않지만, 이런 환경에서도 여전히 온전히 빛의 양에만 의존해서 하루의 시간을 파악한다면 문제가 생길 것이다. 빛에 의존하지 않고도 하루의 시간을 파악할 필요가 여기에 있다.

실제로 날씨에 따라 해가 도무지 나지 않는 날도 있으며, 지내는 환경이 어디인지에 따라서도 시간에 따른 빛의 양에는 큰 변화가 생긴다. 그렇지만 빛이 들지 않는 곳에 하루 이상 머물러서 외부로부터 빛 자극을 전혀 받지 못하고 주위 환경 변화가 없다고 하더라도, 사람은 빛이 드는 바깥에서 24시간을 보낼 때와 크게 다르지 않은 생체 반응의 변화를 보인다. 적절히 늦은 밤 시간이 되면 졸음이 오기 시작하는 식이다. 생각해보면 창이 없는 건물 안에 하루 종일 있다가도, 또 낮잠을 실컷 자고 일어나서도 아 지금 대충 몇 시쯤 되었겠다, 하는 느낌이 든다. 이런 감각이 바로 일주기 리듬이 작동한 결과다. 이렇게 빛의 양과 관계 없이 24시간이라는 하루의 시간을 인식하고 그에 따라 생체 활동이 달라지는 양상이 바로 일주기 리듬이다. 이것은 체내에 존재하는 생체 시계가 만들어낸다.

식물의 일주기 리듬

■

식물도 마찬가지다. 단순하게 빛이 존재할 때 광합성을 하고 빛이 없으면 생장을 하면 되는 것 아닌가 하고 생각할 수 있다. 하지만 단순히 빛만 따라가는 것으로는 계절 변화와 극심한 날씨 변화에 대처하기 쉽지 않을 것이다. 식물은 태양으로부터 오는 빛 에너지를 받아 광합성을 한다. 하지만 그때그때 주어지는 빛에 따라 에너지를 만들기만 한다면 생명을 유지하기 어려울 것이다. 이에 더해 식물도 동물처럼 적절히 생장하고, 또 남는 에너지는 저장하며 꽃가루, 씨앗 등을 통해 다음 세대를 남기려는 노력까지 해야 한다는 사실을 기억하자. 만약 빛의 존재 유무만을 따라 움직인다면, 광합성 외의 생존을 위한 모든 일을 효율적으로 해내기는 정말 어려울 것이다. 빛을 향하는 굴광성 외에 하루라는 시간을 감지할 수 있는 능력이 더해진다면 생존하기에 훨씬 용이할 것이다.

그런데 식물에게는 일주기 리듬이 필요한 중요한 이유가 하나 더 있

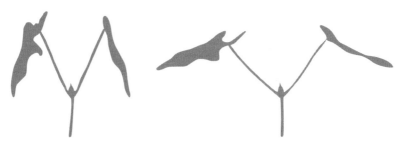

식물의 줄기와 잎의 움직임을 기록했더니 일정한 주기를 가지고 반복적인 패턴을 나타냈다. 식물도 일주기 리듬을 가지고 있다는 뜻이다.

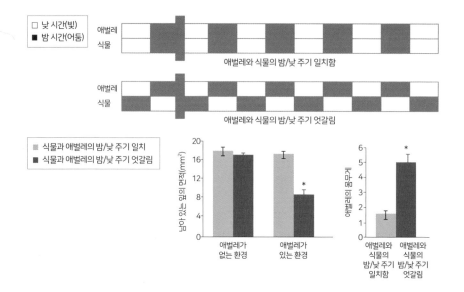

□ 낮 시간(빛)
■ 밤 시간(어둠)

애벌레
식물

애벌레와 식물의 밤/낮 주기 일치함

애벌레
식물

애벌레와 식물의 밤/낮 주기 엇갈림

■ 식물과 애벌레의 밤/낮 주기 일치
■ 식물과 애벌레의 밤/낮 주기 엇갈림

식물이 밤/낮 주기를 애벌레와 일치시킨 경우 애벌레에게 거의 먹히지 않았다. 남은 잎의 면적이 더 넓었고, 눈으로 보기에도 남은 잎의 양이 많았다. 또 애벌레의 몸무게도 실제로 늘지 않고, 눈으로 보기에도 애벌레가 살찌지 않았다. 애벌레가 주위에 없다면, 단순히 볕에 드는 정도에 따라 밤/낮 주기를 조절하면 된다. 하지만 애벌레가 있다면, 다른 환경 요소보다 애벌레의 하루에 맞춰 밤/낮 주기를 조절해야 생존에 유리한 것이다.

다. 바로 동물 때문이다. 어떤 식물에게는 잎을 갉아먹는 애벌레가 천적이다. 천적으로부터 스스로를 보호하기 위해 일주기 리듬이 필요한 것이다. 애벌레의 일주기 리듬을 파악하고 그들이 잠에서 깨 식사를 하는 시간에, 독이 있거나 맛이 없는 물질을 만들어내면 애벌레를 효과적으로 쫓을 수 있다. 실제로 한 양배추 종에서는 일주기 리듬에 맞춰 주기적으로 애벌레를 쫓는 물질의 농도가 잎에서 높아지는 것이 확인되었다.

잠이 부족한 당신에게 뇌과학을 처방합니다

생체 시계

■

일주기 리듬과 그에 따른 행동을 만들어내는 건 누구일까? 동물의 경우 눈에서 뇌까지 연결된 신경다발이 빛에 대한 반응을 조절한다. 그리고 식물의 경우 옥신이라는 호르몬이 줄기가 빛을 향해 구부러지도록 만든다. 빛이라는 에너지에 직접 반응하는 굴광성과 달리 일주기 리듬은 정확한 시간의 변화를 느끼는 것이다. 시간은 빛이나 소리처럼 실체가 존재하는 게 아닌데 어떻게 감각하고 반응할 수 있을까?

생물의 몸 안에는 손목시계나 벽시계와 같은 시계가 있다. 이를 '생체 시계'라고 부르는데, 이것이 바로 일주기 리듬을 만들어내는 주체다. 사람의 경우 뇌에 존재하는 시교차상핵(SCN, Supra Chiasmatic Nuclei)이 생체 시계로서 주요한 역할을 한다. 시교차상핵은 시상하부 내에 위치한 영역으로 체내 일주기 리듬을 유지하고 조절하는 역할을 한다. 해가 지면 잠이 들고, 아침이 되면 저절로 잠이 깨는 것 모두 생체 시계 때문에 가능한 일이다. 몸 안에 내장된 생체 시계는 주로 주변 환경으로부터 들어오는 빛의 양을 통해 시간의 흐름을 감지한다. '생체 리듬'을 조절한다는 중요하고 명확한 역할을 가졌지만, 생체 시계가 무엇이냐고 물었을 때 '오른손 엄지 손톱'처럼 체내의 특정 한 부위로 콕 집어 말할 수는 없다. 뇌의 여러 부분이 서로 신호를 주고 받아 호르몬, 체온 같은 생리적 상태를 조절하여 나타나는 결과가 생체 리듬이기 때문이다. 즉 몸에서 생체 시계가 위치한 곳은 크게 보면 뇌이며, 뇌의 여러 영역이 작동한 결과가 조합되어 생체 리듬으로 나타나는 것이다.

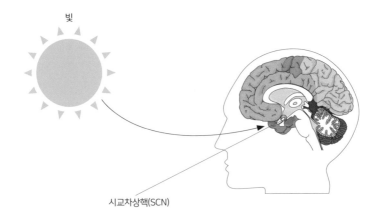

· 빛을 감지하여 생체 시계의 역할을 하는 시교차상핵 ·

　시교차상핵은 하루 중 처음 빛을 받았을 때 활성화되기 시작하고 하루라는 시간의 흐름에 맞춰 몸의 변화를 일으킨다. 생체 시계의 작동에서 가장 중요한 특징은, 빛의 양 자체보다 24시간이라는 절대적인 시간 패턴에 맞춰 활동한다는 점이다. 빛의 양은 시간이 흘러가고 있다는 것을 인지하는 데만 영향을 준다. 절대적인 시간에 맞춰 활동한다는 특징이 한번 생활 리듬이 흐트러지면 바로잡기가 쉽지 않은 이유다.

드라큘라 호르몬, 멜라토닌

　시교차상핵은 24시간이라는 패턴에 맞춰 활동한다. 이 영역의 활동은 그 자체로 어떤 결과를 발생시키기도 하지만, 다른 영역에 신호를 전달하여 활성을 조절하는 것이 더 주요한 역할이다. 마치 시계의 태엽과

　잠이 부족한 당신에게 뇌과학을 처방합니다

비슷하다. 태엽이 돌아가면서 시침과 분침, 알람을 울리는 바늘의 움직임, 종이 울리거나 뻐꾸기가 드나드는 것을 조절하는 것과 같다. 시교차상핵이라는 태엽의 영향을 받는 다른 뇌의 영역, 즉 시침, 분침, 종, 뻐꾸기 집의 문이라고 할 수 있는 부분에는 송과선(Pineal Glans)이라는 곳이 있다. 이 영역 역시 생체 시계로서 중요한 역할을 하는 부분이다. 송과선은 밤에 활성화되면서 멜라토닌을 분비한다. 사람의 경우 그 분비량이 오후 9시 무렵 가장 많아진다고 알려져 있다.

　송과선은 시간뿐 아니라 빛의 양에도 반응한다. 시교차상핵이 시간을 감지하여 송과선을 활성화시키더라도 주변에서 빛이 많이 들어오면 송과선에서 멜라토닌이 분비되지 않는다. 빛에 직접적인 영향을 받는다고 해서 멜라토닌은 '드라큘라 호르몬'이라고 불리기도 한다.

　멜라토닌이 분비되면 잠을 자라는 신호가 발생한다. 때문에 비행기

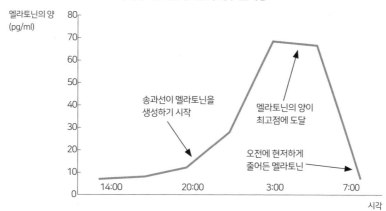

· 시각에 따른 멜라토닌의 하루 분비량 ·

를 타고 시차가 많이 나는 곳으로 장시간 여행하는 경우처럼 인위적으로 원하는 시간에 잠을 자고 싶을 때 멜라토닌을 섭취하기도 한다. 그런데 이때, 합성한 멜라토닌을 직접 섭취하는 것만큼 불을 끄고 창을 닫거나 안대를 써서 인위적으로 어두운 환경을 조성하는 것도 큰 도움이 된다. 주위 환경이 어두워지면 송과선에서 멜라토닌이 분비된다는 사실을 이용하는 것이다.

식물의 경우 사람처럼 신경계가 존재하지 않는다. 시상하부, 시교차상핵과 같이 구체적인 기관이나 영역은 없지만, 빛과 온도를 감지하는 여러 유전자의 조합이 종합적으로 작용하여 일주기 리듬을 만들어낸다.

식물이 잔다는 것은

■

식물을 연구하는 전문가들에게 식물도 잠을 자냐고 물어보면 한마디로 '아니다'라고 답한다. 아니 그럼 우리가 보았던 식물의 움직임, 밤이 되면 변하는 그 행동은 대체 무엇이란 말인가?

식물과 동물 모두 하루의 시간을 감지하고 또 빛과 어둠을 구분할 수 있다. 그 결과로 낮과 밤, 그리고 시간의 변화에 따라 보이는 행동이 달라진다. 그러나 그렇다고 해서 잠을 잔다고 할 수는 없다.

식물이 잠을 잔다고 말하려면 생체에서 일어나는 활동으로 잠을 정의해야 한다. 생물이 에너지의 합성을 멈추고 구성 기관, 세포와 같은 요소를 생장시키고 재활하는 것을 잠을 자고 있다고 말할 수 있을까?

사람이 잠을 자는 동안에는 분명히 이와 같은 일이 일어난다. 낮 동안 각성 상태로 활동하며 일어났던 에너지의 손실, 신체 구성 요소의 손상을 회복하고 기억을 정리한다. 하지만 이와 같은 생체 활동의 변화가 잠의 전부는 아니다.

잠이 들었다고 하면 각성되어 있다가 완전한 안정 상태로, 깨어 있던 의식이 무의식 상태로 접어든 것을 말한다. 즉 잠은 신경계가 의식을 제어하여 일어나는 변화를 말하는 것이다. 우리가 얘기하는 '잠'은 동물에게만 존재하는 신경계의 작용을 가리키는 것이다. 그 정의에 따르면 신경계가 존재하지 않고 각성되어 있는지, 의식이 있는지에 대해 판단할 수 없는 식물은 잠을 잔다고 볼 수 없다고 해야겠다.

나무처럼 서서 잘 수 있을까?

"나무야 나무야 서서 자는 나무야 / 나무야 나무야 다리 아프지 / 나무야 나무야 누워서 자거라"

동요 '나무야 나무야'의 가사다. 나무는 사실 잠을 자지 않지만, 이 동요에 나오는 나무처럼 동물도 서서 자는 것이 가능할까?

두 발로 서 있는 동물은 사람이 거의 유일하다. 새야 발이 애초에 한 쌍이니 그렇다 칠 수 있겠다. 하지만 사람처럼 척추가 있고 사지가 달린 동물 중에 두 발로 서서 다니는 동물은 없다. 모두 네 발로 몸을 지지하고 걸어 다닌다.

잠을 잘 때 두 발로 서 있는 동물이 있다는 건 들어본 적이 없다. 평소 네 발로 걸어 다니는 동물들은 두 다리로만 몸을 지탱하고 서 있는 것 자체가 어렵고 힘든 일이다. 높은 곳에 있는 먹이를 먹기 위해, 또 몸집을 커 보이게 해서 상대방을 위협해야 할 때 잠깐 두 다리로 일어서는 경우는 있다.

잠을 자는 것은 머리부터 발끝까지 긴장을 풀고 편안한 자세로 휴식을 취하는 행위다. 그러나 두 발로 똑바로 서서 자려면 다리, 허리, 목까지 온 몸의 근육이 긴장을 유지해야 한다. 넘어지면 크게 다칠 수 있으므로 주위에 무엇이 있는지 잘 인지하면서 올바르게 균형을 잡아야 한다. 잠이 들었을 때와는 사뭇 다른 신체 상태다. 아무래도 나무처럼 꼿꼿이 선 채로 잠을 자는 것은 불가능해 보인다. 더군다나 렘수면 상태에 들어가면 전신의 근육에 긴장이 풀리고 사지의 움직임을 마음대로 조절할 수 없게 된다. 이 상태에서 꼿꼿하게 균형을 유지하고 서 있는다는 것은 불가능에 가깝다.

그런데 사실 이 글을 쓰고 있는 나는 똑바로 선 채 잠들었던 경험이 많이 있다. 나는 고등학생 때 졸음의 아이콘이었다. 과목을 가리지 않고 수업 시간마다 졸았다. 어쩌다 기적처럼 졸지 않는 날엔 선생님이 놀라며 내 이름을 부르실 정도였다. 의자에 앉아서는 물론이고, 서서도 잠들었던 적이 정말 많다.

내가 다녔던 고등학교에는 교실 뒤편에 학생들의 선 키에 맞춘 높이의 책상이 있었다. 이 책상은 '졸음 방지대'라고 불렸다. 수업 시간에 졸음이 오면 서서 수업을 들으라고 놓여진 책상이었다. 그러나 안타깝게도 나는 거기에 나가서도 잠이 들었다. 또 엄마를 따라 성당에 가서 미사 시간에 선 채로 잠이 들어 휘청거렸던 적도 많다. 이런 식으로 서서 잠에 빠져드는 경험은 나만의 경험은 아니리라 생각한다.

서서 잠들었던 경우를 다시 살펴보면 꼿꼿이 선 채로 몇 시간 동안 편안히 잠들었던 적은 단 한번도 없다. 잠의 깊이는 정말 깊었을지 모른다. 하지만 겨우 수 분 동안 잠들었다가 갑자기 몸의 균형을 잃어버리면서 휘청거리고 만다. 이 휘청거림의 순간, 뇌는 아마 렘수면 단계에 들어갔을 것이다. '서서 잔다'라고 하는 게 아니라 '졸았다'라고 말하는 게 더 맞을 것이다.

그런데 이렇게 잠깐 서서 조는 것이 아니라 몇 시간을 똑바로 선 채 잠을 자는 사람이 있긴 있다고 한다. 바로 불가의 승려들이다. 승려들은 정신 수양을 위해 다양한 훈련을 한다. 그중 서서 잠을 자는 명상 훈련이 있다고 한다. 오랫동안 수양을 해서 똑바로 선 채 자는 것이 편안해진 승려도 처음에는 쉽지 않은 일이었다고 말한다. 하지만 결국에는 약 5시간 가량을 선 채로 잔다고 한다. 이들이 어떻게 똑바로 서서 잠을 잘 수 있는지, 뇌에서 어떤 일이 일어나는지는 아직 명확히 모른다. 오랜 시간의 수양과 명상을 거쳐 짧게 잠들었다가 깨어나는 연습에 성공해 결과적으로 렘수면의 길이가 극적으로 짧아졌을 가능성이 있다고 추측될 뿐이다. 극한의 수련으로 이뤄낸 이 행동이 건강에 어떤 영향을 주는지는 사실 아무도 알지 못한다. 렘수면이 짧아졌으리라 추측한 것도 건강에 좋은 일일지 나쁜 일일지 역시 모른다. 당연히 함부로 따라 해서는 안 될 일이다.

잠이 부족한 당신에게 뇌과학을 처방합니다

부록

참고문헌

1장. 잠의 단계

· Allan J. Hobson, "REM sleep and dreaming: Towards a theory of protoconsciousness," 《Nature Reviews Neuroscience》, 2010.

· Jerome L. Singer and John S. Antrobus, "Eye movements during fantasies: imagining and suppressing fantasies", Archives of General Psychiatry, 1965.

· T. Allison, and Henry V. Twyver, "The evolution of sleep", 《Natural History》, 1970.

· Alexander A. Borbély et al., "The two-process model of sleep regulation: a reappraisal", 《Journal of Sleep Research》, 2016.

· Hugo F. Posada-Quintero et al., "Brain activity correlates with cognitive performance deterioration during sleep deprivation", 《Frontiers in Neuroscience》, 2019.

· Pierre A. A. Maquet et al., "Brain imaging on passing to sleep", 《The Physiologic Nature of Sleep》, 2005.

· P. L. Parmeggiani, 『Systemic Homeostasis and Poikilostasis in Sleep: Is REM Sleep a Physiological Paradox?』, Imperial College Press, 2010.

· M. R. Peraita-Adrados, "Brain Basics: Understanding Sleep". National Institute of Neurological Disorders and Stroke Electroencephalography, polysomnography, and other sleep recording systems", 《The Physiologic Nature of Sleep》, 2005.

· Robert W. McCarley, "Neurobiology of REM and NREM sleep", 《Sleep Medicine》, 2007.

· End your sleep deprivation through sleep science education, Dr. William C. Dement's Sleep & Dreams Course

2장. 수면 부족

· Brian John Curtis et al., "Extreme morning chronotypes are often familial and not exceedingly rare: the estimated prevalenece of advanced sleep phase, familial advanced sleep phase, and advanced sleep-wake phase disorder in a sleep clinic population", 《Sleep》, 2019.

· J. Schenkein and P. Montagna, "Self management of fatal familial insomnia. Part 1: what is FFI?", Medscape General Medicine》, 2006.

· Michele Ferrara and Luigi De Gennaro, "How much sleep do we need?", 《Sleep Medicine Reviews》, 2001.

· Zac howard, "What's dysania, and how can you actually overcome it?", 《Rise and Shine》, 2018.

· Ben Bryant, "Can't get out of bed? You might have dysania", BBC, 2018.

· Alexandra Thompson, "Struggling to get out of bed in the morning could be down to 'dysania'—NOT laziness and it may even be a sign of depression", 《Daily Mail》, 2018.

· Rachel Leproult et al., "Sleep loss results in an elevation of cortisol levels the next evening", 《Sleep》, 1997.

· 통계청, 「사회조사」, 건강관리(13세 이상 인구), 2018.

3장. 수면 장애

· Ganesh B. et al., "Sleep paralysis", 《International Journal of Research in Pharmacy and Chemistry》, 2012.

· J. Amer. Chem. Vol 81, p6085, 1959.

· Czeisler CA et al. N Engl J Med. 1995;332: 6-11. Moore RY. N Engl J Med. 1995;332: 54-44.

· Dollins AB, Wurtman R et al. Proc Natl Acad Sci. 1994;91: 1824-1828

· The melatonin craze, Geoffrey Cowley, Newsweek, August 1995.

· Charles A. Czeisler et al., "Suppression of melatonin secretion in some blind patients by exposure to bright light", 《The New England Journal of Medicine》, 1995.

· Bernard M.B. Wolfson et al., "Influence of alcohol on anesthetic requirements and acute

잠이 부족한 당신에게 뇌과학을 처방합니다

toxicity", 《Anesthesia & Analgesia》, 1980.

· Kathleen McCann, "Study finds that sexomnia is common in sleep center patients", 《American Academy of Sleep Medicine》, 2010.

· American Academy of Sleep Medicine, "'Sexomnia' is common in sleep center patients, study finds", 《ScienceDaily》, 2010.

· Collin M. Shapiro et al., "Sexomnia—a new parasomnia?," 《The Canadian Journal of Psychiatry》, 2003.

· Anubhav R. Bhatia, "Is sexomnia a new parasomnia?", 『Delhi Psychiatry Journal』, 2011.

· Helena Martynowicz et al., "The co-occurrence of sexomnia, sleep bruxism and other sleep disorders", 《Journal of Clinical Medicine》, 2018.

· 이해나, "수면 장애, 매년 8%씩 증가… '10월'에 특히 급증", 《헬스조선》, 2019.

· Stephen Klinck, "I have sexomnia—and can't be cured", 《vice》, 2014.

· Bethy Squires, "When you fuck like crazy in your sleep, wake up, and remember nothing", 《vice》, 2016.

· Geraldine Cremin, "When people kill in their sleep", 《vice》, 2015.

4장. 수면 학습

· Eva Murzyn, "Do we only dream in colour? A comparison of reported dream colour in younger and older adults with different experiences of black and white media", 《Consciousness and cognition》, 2008.

· Nancy Hammond, "What is a hypnic jerk?", Medical news today, 2019.

· Munich chronotype questionnaire, Till Roenneberg & co-workers, 2005.

· Benjamin Baird, "Frequent lucid dreaming associated with increased functional connectivity between frontopolar cortex and temporoparietal association areas", 《Nature》, 2018.

· Michael Schredl et al., "Information processing during sleep: the effect of olfactory stimuli on dream content and dream emotions", 《Journal of sleep research》, 2009.

· Janet Wright and David Koulack, "Dreams and contemporary stress: a disruption-avoidance-adaptation model", 《Sleep》, 1987.

· "Dreaming may help relieve a bad day", Live Science, 2011.

· H. Robert Blank, "Dreams of the blind", The Psychoanalytic Quarterly, 1958.
· Michelle Carr, "Do blind people see in their dreams?", 《Psychology Today》, 2017.
· Yasmin Anwar, "Dream sleep takes sting out of painful memories", Berkeley research, 2011.
· Yuval Nir and Giulio Tononi, "Dreaming and the brain: from phenomenology to neurophysiology", 《Trends in Cognitive Sciences》, 2009.
· "Dreaming 'eases painful memories'", BBC News, 2011.
· Michael Schredl, "Olfactory perception in dreams: analysis of a long dream series", 《International Journal of Dream Research》, 2019.
· Els van der Helm et al., "REM sleep depotentiates amygdala activity to previous emotional experiences", 《Current Biology》, 2011.
· REM sleep and dreaming: towards a theory of protoconsciousness, J. Allan Hobson, nature, 2009.
· Lauren F. Friedman, "Why you sometimes feel like you're falling and jerk awake when trying to fall asleep", Business Insider, 2014.
· Katja Valli et al., "The threat simulation theory of the evolutionary function of dreaming: Evidence from dreams of traumatized children", 《Consciousness and Cognition》, 2005.
· Roberto Vetrugno and Pasquale Montagna, "Sleep-to-wake transition movement disorders", 《Sleep Medicine》, 2011.
· "Sleep Starts", Sleep education by American Academy of Sleep Medicine, 2013.
· Hanan M. El Shakankiry, "Sleep physiology and sleep disorders in childhood", 《Nature and Science of Sleep》, 2011.
· J. J. M. Askenasy, "Sleep disturbances in Parkinsonism", 《Journal of Neural Transmission》, 2003.
· Tom Stafford, "Why your body jerks before you fall asleep", BBC Future, 2012.

5장. 꿈과 잠

· Björn Rasch et al., "Odor cues during slow-wave sleep prompt declarative memory consolidation", 《Science》, 2007.
· Cheri D. Mah et al., "The effects of sleep extension on the athletic performance of

collegiate basketball players", 《Sleep》, 2011.

· Avi Sadeh et al., "The effects of sleep restriction and extension on school-age children: what a difference an hour makes", 《Child Development》, 2003.

· Ken A. Paller, "Sleeping in a brave new world: opportunities for improving learning and clinical outcomes through targeted memory reactivation", 《Current Directions in Psychological Science》, 2017.

· Delphine Oudiette and Ken A. Paller, "Upgrading the sleeping brain with targeted memory reactivation", 《Trends in Cognitive Sciences》, 2013.

· Xiaoqing Hu et al., "Unlearning implicit social biases during sleep", 《Science》, 2015.

· Gordon B. Feld and Jan Born, "Exploiting sleep to modify bad attitudes", 《Science》, 2015.

· William H. Emmons and Charles W. Simon, "The non-recall of material presented during sleep", 《The American Journal of Psychology》, 1956.

· William H. Emmons and Charles W. Simon, "EEG, consciousness, and sleep", 《Science》, 1956.

· William H. Emmons and Charles W. Simon, "Responses to material presented during various levels of sleep", 《Journal of Experimental Psychology》, 1956.

· Anat Arzi et al., "Humans can learn new information during sleep", 《Nature Neuroscience》, 2012.

· Lawrence LeShan, "The Breaking of a habit by suggestion during sleep", 《The Journal of Abnormal & Social Psychology》,1942.

· Rebecca L. Gómez et al., "Naps promote abstraction in language-learning infants, 《Psychological Science》, 2006.

6장. 수면제와 잠

· Ana adan, "Chronotype and personality factors in the daily consumption of alcohol and psychostimulants", 《Addiction》, 1994.

· Konrad S. Jankowski, "Is the shift in chronotype associated with an alteration in well-being?", 《Biological Rhythm Research》, 2014.

· Kounseok Lee et al., "Relationship between chronotype and temperament/character among university students", 《Psychiatry Research》, 2017.

· Naohito Tanabe et al., "Daytime napping and mortality, with a special reference to cardiovascular disease: the JACC study", 《International Journal of Epidemiology》, 2010.

· Neta Ram-Vlasov et al., "Creativity and Habitual Sleep Patterns Among Art and Social Sciences Undergraduate Students", 《Psychology of Aesthetics Creativity and the Arts》, 2016.

· Malcolm von Schantz and Simon N. Archer, "Clocks, genes and sleep", 《Journal of the Royal Society of Medicine》, 2003.

· Dorothee Fischer et al., "Chronotypes in the US—Influence of age and sex", 《PLOS ONE》, 2017.

· Christoph Randler et al., "Chronotype, Sleep Behavior, and the Big Five Personality Factors", 《SAGE open》, 2017.

· Niki Antypa et al., "Chronotype associations with depression and anxiety disorders in a large cohort study", 《Depression and Anxiety》, 2016.

· Renée K. Biss and Lynn Hasher, "Happy as a lark: morning-type younger and older adults are higher in positive affect", 《Emotion》, 2012.

· A. Takashima et al., "Declarative memory consolidation in humans: a prospective functional magnetic resonance imaging study", 《PNAS》, 2006.

· Dayong Zhao et al., "Effects of physical positions on sleep architectures and post-nap functions among habitual nappers", 《Biological psychology》, 2010.

· Cristina Escribano and Juan F. Díaz-Morales, "Are achievement goals different among morning and evening-type adolescents?", 《Personality and Individual Differences》, 2016.

· Sara C. Mednick et al., "Perceptual deterioration is reflected in the neural response: fMRI study of nappers and non-nappers", 《Perception》, 2008.

· Leon Lack et al., "Chronotype differences in circadian rhythms of temperature, melatonin, and sleepiness as measured in a modified constant routine protocol", 《Nature and Science of Sleep》, 2009.

· Catherine E. Milner and Kimberly A. Cote, "Benefits of napping in healthy adults: impact of nap length, time of day, age, and experience with napping", 《Journal of Sleep Research》, 2009.

· Mark R. Rosekind et al., "Crew factors in flight operations IX: effects of planned cockpit rest on crew performance and alertness in long-haul operations", NASA, 1994.

· Maciej Stolarski et al., "Morning is tomorrow, evening is today: Relationships between chronotype and time perspective", 《Biological Rhythm Research》, 2013.

· Paul Tayler, "Nap time", Pew Research Center, 2009.

· "서울시 공무원 '팀장님, 저~ 낮잠 자고 오겠습니다'", 연합뉴스, 2014.

· Mitsuo Hayashi et al., "Recuperative power of a short daytime nap with or without stage 2 Sleep", 《Sleep》, 2005.

· Christoph Randler and Lena Saliger, "Relationship between morningness—eveningness and temperament and character dimensions in adolescents", 《Personality and Individual Differences》, 2011.

· Margarita tartakovsky, "The Power of Power Napping", Psych Central, 2018.

· Philippe Peigneux et al., "Are spatial memories strengthened in the human hippocampus during slow wave sleep?", 《Neuron》, 2004.

· Parveen Bhatti et al., "The impact of chronotype on melatonin levels among shift workers", 《Occupational and Environmental Medicine》, 2014.

· Marc Wittmann et al., "Social Jetlag: misalignment of biological and social time", 《Chronobiology International》, 2006.

· Amanda Ruggeri, "Why you shouldn't try to be a morning person", BBC, 2017.

7장. 마취와 잠

· B. Liefting et al., "Electromyographic activity and sleep states in infants", 《Sleep》, 1994.

· 2003 Sleep in America Polls, National sleep foundation, 2003.

· Scott S. Campbell and Patricia J. Murphy, "The nature of spontaneous sleep across adulthood", 《Journal of Sleep Research》, 2007.

· Brienne Miner and Meir H. Kryger, "Sleep in the Aging Population", 《Sleep medicine clinics》, 2016.

· M. Karasek, "Melatonin, human aging, and age-related diseases", 《Experimental Gerontology》, 2004.

· Joseph De Koninck et al., "Sleep positions and position shifts in five age groups: an ontogenetic picture", 《Sleep》, 1992.

· Tom Deboer and Irene Tobler, "Slow waves in the sleep electroencephalogram after daily torpor are homeostatically regulated", 《Sleep》, 2000.

· A. Choukèr et al., "Hibernating astronauts—science or fiction?", 《European Journal of Physiology》, 2019.

· Serge Daan et al., "Warming up for sleep?: Ground squirrels sleep during arousals from hibernation", 《Neuroscience Letters》, 1991.

· Mathieu Weitten et al., Hormonal changes and energy substrate availability during the hibernation cycle of Syrian hamsters, 《Hormones and Behavior》, 2013.

· Navid Manuchehrabadi et al., "Improved tissue cryopreservation using inductive heating of magnetic nanoparticles", 《Science Translational Medicine》, 2017.

· Jason koebler, "A Brief History of Cryosleep", 《vice》, 2016.

· Stephanie Payne et al., "Body size and body composition effects on heat loss from the hands during severe cold exposure", 《American Journal of Physical Anthropology》, 2017.

· Martinez del Rio and William H. Karasov, "Body size and temperature: why they matter" Nature education knowledge project, 2010.

· "Frozen woman: a 'walking miracle'", CBS News, 2000.

· Marina B. Blanco et al., "Hibernation in a primate: does sleep occur?", 《The Royal Society》, 2016.

· Arjen M. Strijkstra and Serge Daan, "Dissimilarity of slow-wave activity enhancement by torpor and sleep deprivation in a hibernator", The American Physiological Society, 1998.

· Mandi J. Lopez, "Creative technology advances tissue preservation", 《Annals of Translational Medicine》, 2017.

· Diego Peretti et al., "RBM3 mediates structural plasticity and protective effects of cooling in neurodegeneration", 《Nature》, 2015.

· Graham Knott, "Cold shock protects the brain", 《Nature》, 2015.

· Oddgeir Friborg et al., "Associations between seasonal variations in day length (photoperiod), sleep timing, sleep quality and mood: a comparison between Ghana (5°) and Norway (69°)", 《Journal of Sleep Research》, 2012.

· Øivind Tøien et al., "Hibernation in black bears: independence of metabolic suppression from body temperature", 《Science》, 2011.

· Kees H. Polderman, "Induced hypothermia to treat post-ischemic and post-traumatic injury", 《Scand J Trauma Res Emerg Med》, 2004.

· Hibernating Bears 'A Metabolic Marvel', Joe palca, npr, 2011.

· Stephen A. Bernard et al., "Treatment of comatose survivors of out-of-hospital cardiac arrest with induced hypothermia", 《The New England Journal of Medicine》, 2002.

· Benjamin M. Scirica, "Therapeutic hypothermia after cardiac arrest", 《Circulation》, 2013.

· Matteo Cerri et al., "The inhibition of neurons in the central nervous pathways for thermoregulatory cold defense induces a suspended animation state in the rat", 《The Journal of Neuroscience》, 2013.

· Tulasi R. Jinka et al., "Season primes the brain in an arctic hibernator to facilitate entrance into torpor mediated by adenosine A1 receptors", 《The Journal of Neuroscience》, 2011.

· Christina G. von der Ohe et al., "Ubiquitous and temperature-dependent neural plasticity in hibernators", 《The Journal of Neuroscience》, 2006.

· Tom Deboer and Irene Tobler, "Sleep regulation in the Djungarian hamster: comparison of the dynamics leading to the slow-wave activity increase after sleep deprivation and daily torpor", 《Sleep》, 2003.

· Niklas Nielsen et al., "Targeted temperature management at $33°C$ versus $36°C$ after cardiac arrest", 《The New England Journal of Medicine》, 2013.

· John E. Bradford et al., "Torpor inducing transfer habitat for human stasis to mars", Spaceworks Enterprises, Inc., 2014.

· Amy Nordrum, "What does a hibernating brain look like?", 《Scienceline》, 2014.

· Matteo Cerri, "Why does hibernating make animals tired?", 《vice》, 2016.

9장. 음식과 잠

· "Hypocretin underlies the evolution of sleep loss in the Mexican cavefish", James B. Jaggard et al., 《eLife》, 2018.

· A. I. Oleksenko et al., "Unihemispheric sleep deprivation in bottlenose dolphins", 《Journal of sleep research》, 1992.

· Brian Lam, "What happens to a human who spends a month under the sea?", 《Popular

Science》, 2014.

· 조홍섭, "동굴 물고기는 어떻게 잠을 잃었나", 《한겨레》, 2018.

· Gian Gastone Mascetti, "Unihemispheric sleep and asymmetrical sleep: behavioral, neurophysiological, and functional perspectives", 《Nature and Science of Sleep》, 2016.

10장. 낮잠

· Jonathan lambert, "Sick and tired? scientists find protein that puts flies to sleep and fights infection", NPR, 2019.

· Hirofumi Toda et al., "A sleep-inducing gene, nemuri, links sleep and immune function in Drosophila", 《Science》, 2019.

· T. E. Scammell, "Wakefulness: an eye-opening perspective on orexin neurons", 《Current Biology》, 2001.

· Srikanta Chowdhury et al., "GABA neurons in the ventral tegmental area regulate non-rapid eye movement sleep in mice", 《eLIFE》, 2019.

· James M. Krueger et al., "Cytokines in immune function and sleep regulation", 『Handbook of Clinical Neurology』, 2011.

· Ulrich Voderholzer et al., "Effects of sleep deprivation on nocturnal cytokine concentrations in depressed patients and healthy control subjects", 《The Journal of Neuropsychiatry and Clinical Neurosciences》, 2012.

· Matz L. Larsson, "Binocular vision, the optic chiasm, and their associations with vertebrate motor behavior", 《Frontiers in Ecology and Evolution》, 2015.

· Mitch Leslie, "Here's why you feel so crummy when you're sick", 《Science》, 2016.

· Niels C. Rattenborg et al., "Half-awake to the risk of predation", 《Nature》, 1999.

· Ian A Clark and Bryce Vissel, "Inflammation-sleep interface in brain disease: TNF, insulin, orexin", 《Journal of Neuroinflammation》, 2014.

· Kisou Kubota, "Kuniomi Ishimori and the first discovery of sleep-inducing substances in the brain", 《Neuroscience Research》, 1989.

· Niels C. Rattenborg, "Do birds sleep in flight?", 《Naturwissenschaften》, 2006.

· Franz Weber et al., "Regulation of REM and Non-REM Sleep by Periaqueductal GABAergic Neurons", 《Nature Communications》, 2018.

· E. Herrera and C. A. Mason, "The Evolution of crossed and uncrossed retinal pathways in mammals", Elsevier, 2007, 307-314.

· J. R. Pappenheimer et al., "Sleep-promoting effects of cerebrospinal fluid from sleep-deprived goats", 《PNAS》, 1967.

· Camila Hirotsu et al., "Sleep loss and cytokines levels in an experimental model of psoriasis", 《PLOS ONE》, 2012.

· Ed Yong, "The special sleep that kicks in during a sickness", 《The Atlantic》, 2019.

· Michael Irwin, "Effects of sleep and sleep loss on immunity and cytokines", 《Brain, Behavior, and Immunity》, 2002.

· "What causes sleepiness when sickness strikes", 《ScienceDaily》, 2017.

· Michael J. Iannacone et al., "The RFamide receptor DMSR-1 regulates stress-induced sleep in C. elegans", 《eLIFE》, 2017.

· Laurine Becquet et al., "Systemic administration of orexin A ameliorates established experimental autoimmune encephalomyelitis by diminishing neuroinflammation", 《Journal of Neuroinflammation》, 2019.

· Claire Warner, Why you get sleepy when you're sick, according to science, 《Bustle》, 2017.

11장. 겨울잠

· Markku I. Linnoila, "Benzodiazepines and alcohol", 《Journal of Psychiatric Research》, 1990.

· Steven W. Lockley et al., "Visual impairment and circadian rhythm disorders", 《Dialogues in Clinical Neuroscience》, 2007.

· Ilene M. Rosen et al., "Chronic Opioid Therapy and Sleep: An American Academy of Sleep Medicine Position Statement", 《Journal of Clinical Sleep Medicine》, 2019.

· Irshaad O. Ebrahim et al., "Alcohol and Sleep I: Effects on Normal Sleep", Alcoholism Clinical and Experimental Research, 2013.

· Irene Panagiotou and Kyriaki Mystakidou, "Non-analgesic effects of opioids: opioids' effects on sleep (including sleep apnea)", 《Current Pharmaceutical Design》, 2012.

· Shilpa Vishwakarma et al., "GABAergic effect of valeric acid from Valeriana wallichii in amelioration of ICV STZ induced dementia in rats", 《Brazilian Journal of Pharmacognosy》, 2016.

· Ingrid A. Lobo and R. Adron Harris, "GABAA receptors and alcohol", 《Pharmacology Biochemistry and Behavior》, 2008.

· Ing K. Ho and Sue Yu, "Effects of barbiturates on GABA system: comparison to alcohol and benzodiazepines", 《The Keio Journal of Medicine》, 1991.

· Jenny Redman et al., "Free-running activity rhythms in the rat: entrainment by melatonin", 《Science》, 1983.

· Jeanne F. Duffy and Charles A. Czeisler, "Effect of light on human circadian physiology", 《Sleep medicine clinics》. 2009.

· Does alcohol help you sleep?, sleepstation, 2019.

· Timothy Roehrs and Thomas Roth, "Sleep, sleepiness, and alcohol use", 《Alcohol Research & Health》, 2001.

· J. Arendt et al., "The effects of chronic, small doses of melatonin given in the late afternoon on fatigue in man: a preliminary study", 《Neuroscience Letters》, 1984.

· Martin Davies, "The role of GABAA receptors in mediating the effects of alcohol in the central nervous system", 《Journal Psychiatry & Neuroscience》, 2003.

· Joseph T. Hull et al., "Suppression of melatonin secretion in totally visually blind people by ocular exposure to white Light: Clinical Characteristics", 《Ophthalmology》, 2018.

· 정홍준, "멜라토닌 건기식 전환 요구, 식약처 '불가'", 의약뉴스, 2017.

· "잠 못 드는 가을밤, '쥐오줌풀'로 숙면하세요.", 농촌진흥청, 2017.

· 박종석, "수면제와 수면 유도제의 차이는 무엇일까?", 《정신의학신문》, 2019.

12장. 물고기의 잠

· S. Hagihira, "Changes in the electroencephalogram during anaesthesia and their physiological basis", 《British Journal of Anaesthesia》, 2015.

· Roger edwards and vaughan B. Mosher, "Alcohol abuse, anaesthesia, and intensive care, Anaesthesia", 1980.

· Penn Study Shows Different Anesthetics Affects Sleep Cycles In Different Ways, Penn Medicine News, 2011.

잠이 부족한 당신에게 뇌과학을 처방합니다

· Jihyun Song et al., "Sleep and Anesthesia", 《Sleep Medicine Research》, 2018.

· Velayudhan Mohan Kumar et al., "The role of reticular activating system in altering medial preoptic neuronal activity in anesthetized rats", 《Brain Research Bulletin》, 1989.

· T. Porkka-Heiskanen et al., "Neurochemistry of sleep", 『Handbook of Neurochemistry and Molecular Neurobiology』, Springer, 2007.

· Jeremy Pick et al., "Rapid eye movement sleep debt accrues in mice exposed to volatile anesthetics", 《Anesthesiology》, 2011.

· Influence of alcohol on anesthetic requirements and acute toxicity, Bernard Wolfson and Beverly Freed, 《Anesthesia & Analgesia》, 1980.

· L. Michael Newman et al., "Effects of chronic alcohol intake on anesthetic responses to Diazepam and Thiopental in rats", 《Anesthesiology》, 1986.

· Emery N. Brown et al., "General anesthesia, sleep, and coma", 《The New England Journal of Medicine》, 2010.

· Matthias Kreuzer, "EEG Based monitoring of general anesthesia: taking the next steps", 《Frontiers in Computational Neuroscience》, 2017.

· Jun Lu et al., "Effect of lesions of the ventrolateral preoptic nucleus on NREM and REM sleep", 《The Journal of Neuroscience》, 2000.

· Jason T. Moore et al., "Direct activation of sleep-promoting VLPO neurons by volatile anesthetics contributes to anesthetic hypnosis", 《Current Biology》, 2012.

13장. 새의 잠

· Kathleen Holton, "Actually, MSG is not safe for everyone (Op-ed)", Live Science, 2014.

· Fernando Brandão et al., "Characteristics of tyramine induced release of noradrenaline: mode of action of tyramine and metabolic fate of the transmitter", 《Naunyn-Schmiedeberg's Archives of Pharmacology》, 1980.

· Haruna Fukushige et al., "Effects of tryptophan-rich breakfast and light exposure during the daytime on melatonin secretion at night", 《Journal of Physiological Anthropology》, 2014.

· G. Hajak et al., "The influence of intravenous L-tryptophan on plasma melatonin and sleep in men", 《Pharmacopsychiatry》, 1991.

· Kristin Harper, "So Tired in the Morning··· The Science of Sleep", 《American Chemical Society》, 2015.

· R. Bravo et al., "Tryptophan-enriched cereal intake improves nocturnal sleep, melatonin, serotonin, and total antioxidant capacity levels and mood in elderly humans", 《Age》, 2013.

· Claudia Hammond, "Does cheese give you nightmares?", BBC Future, 2012.

· Sergio D. Paredes et al., "Assessment of the potential role of tryptophan as the precursor of serotonin and melatonin for the aged sleep-wake cycle and immune function: streptopelia risoria as a model", 《International Journal of Tryptophan Research》, 2009.

· Raogo Ouedraogo et al., "Glucose regulates the release of orexin-a from the endocrine pancreas", 《Diabetes》, 2003.

14장. 식물의 잠

· P. Franken and D.-J. Dijk, "Circadian clock genes and sleep homeostasis", 《European Journal of Neuroscience》, 2009.

· Danielle Goodspeed et al., "Arabidopsis synchronizes jasmonate-mediated defense with insect circadian behavior", PNAS, 2012.

· Lauren P. Shearman, "Two period Homologs: Circadian Expression and Photic Regulation in the Suprachiasmatic Nuclei", Neuron, 1997.

· C. Robertson McClung, "Plant Circadian Rhythms", The plant cell, 2006.

· Clifford B. Saper et al., "Hypothalamic regulation of sleep and circadian rhythms", nature, 2005.

· "Why do Buddhist monks sleep upright?", BBC, 2009.

· Brooke Borel, "Do Plants Sleep?", Popular science, 2014.

· Melinda A. Ma and Elizabeth H. Morrison, "Neuroanatomy, Nucleus Suprachiasmatic", StatPearls Publishing, 2019.

· Danielle Goodspeed et al., "Postharvest Circadian Entrainment Enhances Crop Pest Resistance and Phytochemical Cycling", Current biology, 2013.

도판출처

1장

20쪽 ⓒ Chris Hope

24쪽 아래 ⓒ Razer M.

2장

40쪽 ⓒ Gallup

46쪽 ⓒ El baúl de Josete

3장

61쪽 ⓒ Neurosoft

4장

86쪽 위 ⓒ CNX OpenStax

5장

103쪽 ⓒ 남수진

107쪽 ⓒ Haltopub

108쪽 ⓒ Naver

7장

146쪽 위 ⓒ 黃雨傘

　　　아래 ⓒ Bodytomy

8장

160쪽 ⓒ Brain from Top to Bottom

162쪽 ⓒ Alesandra Woolley

11장

214쪽 ⓒ OpenLearnWorks, The Open University

220쪽 ⓒ BBC News

223쪽 ⓒ NASA

12장

230쪽 ⓒ H. Zell, Wiki Commons

233쪽 아래 ⓒ Joxerra aihartz, Wiki Commons

235쪽 ⓒ David Louis Burton, Flickr

13장

244쪽 ⓒ Bill Abbott, Flickr

253쪽 ⓒ Greg Schechter, Wiki Commons

254쪽 좌 ⓒ Cloned Milkmen, Flickr

　　　우 ⓒ Sundar, Wikimedia Commons

255쪽 ⓒ Jomilo75, Wiki Commons

256쪽 ⓒ Chip Curley, Youtube

257쪽 ⓒ Gary Ritchison

14장

270쪽 ⓒ MacKhayman

277쪽 ⓒ Salinthip Thipayang

찾아보기